imaginist

想象另一种可能

理
想
国

imaginist

THE WORLD ACCORDING TO PHYSICS

欢迎来到物理学的世界

JIM AL-KHALILI

[英] 吉姆·阿尔-哈利利 著

黄佳磊 译

上海三联书店

著作权合同登记图字：09-2022-0347

图书在版编目（CIP）数据

欢迎来到物理学的世界 /（英）吉姆·阿尔–哈利利著；黄佳磊译 . -- 上海：上海三联书店，2023.6
ISBN 978-7-5426-8101-0

Ⅰ . ①欢… Ⅱ . ①吉… ②黄… Ⅲ . ①物理学–普及读物 Ⅳ . ① O4-49

中国国家版本馆 CIP 数据核字 (2023) 第 065724 号

欢迎来到物理学的世界
[英] 吉姆·阿尔–哈利利 著；黄佳磊 译

责任编辑 / 苗苏以
特约编辑 / EG
装帧设计 / 高　熹
内文制作 / EG
责任校对 / 张大伟
责任印制 / 姚　军

出版发行 / 上海三联书店
（200030）上海市漕溪北路331号A座6楼
邮购电话 / 021-22895540
印　　刷 / 山东韵杰文化科技有限公司

版　　次 / 2023 年 6 月第 1 版
印　　次 / 2023 年 6 月第 1 次印刷
开　　本 / 850mm × 1168mm　1/32
字　　数 / 131千字
印　　张 / 7.75
书　　号 / ISBN 978-7-5426-8101-0/ O·7
定　　价 / 47.00元

如发现印装质量问题，影响阅读，请与印刷厂联系：0533-8510898

目　录

序　言

本书是对物理学的一曲赞歌。

我开始爱上物理学还是在十多岁的时候。我承认，喜爱物理学的部分原因是我发现自己擅长此道。这个学科像是解谜游戏和了解常识的有趣混合，能通过变换方程、演算代数符号并代入具体数值，最后揭示出自然的奥秘，对此我乐在其中。但我也意识到，要令人满意地回答许多关于宇宙性质的深层问题，以及少年时代起就涌上我心头的存在的意义问题，那么，物理学正是我必须学习的。我很想知道：我们人类是由什么构成的？我们从哪里来？宇宙有开始或结束吗？宇宙的延展是有限还是无限的？父亲和我提到过的量子力学又是什么？时间的性质是怎样的？对这些问题的求索让我走上了研究物理学的道路。如今，我对其中有些问题已经有了答案，对另一些则仍在探索。

有些人寻求从宗教或其他一些观念、信仰体系中为人生的奥秘找出答案。但对我而言，对世上的事物进行谨慎的假设、检验和推导是无可替代的，这些是科学方法的标志。在我看来，通过科学，尤其是物理学的探究，人类获得了对世界的形成及运转的理解，这并不是诸多通往“真理”的有效途径之一，而是唯一可靠的途径。

不可否认，许多人不曾像我一样爱上物理学。他们放弃科学探索，可能是因为他们认定，或者听别人告诉他们，物理学是一门艰深甚至痴气十足的学科。确实，要理解量子力学的精妙之处是会让人头痛，但宇宙的惊奇之处可以也应该为每个人所欣赏，获得一番基本的了解也不必花一生的时间去研究。在本书中，我想讲述一下为什么物理学如此神奇，为什么这门科学极具基础性，为什么它对人们认识世界至关重要。当今物理学涵盖的宏大范围令人叹为观止。今天，我们知道世上（几乎）所有可见事物是由什么组成的，又是如何维系在一起的；我们能回溯整个宇宙的演化进程直至空间和时间刚刚诞生的那一瞬间；通过对大自然物理法则的认识，我们发展了并且还在不断发展各种技术，令人类的生活发生了巨变——这一切都是多么令人惊叹。写这本书之时，我依然在思考：怎么会有人不喜欢物理学呢？

本书旨在介绍物理学中一些最为基本、意义最为深远的思想，但所涉话题有可能是大家在学校里没碰到过的。对有些读者来说，本书可能是他们初涉物理学的台阶，可能会吸引他们去了解更多这方面的知识，甚至可能像我一样把它当作终身事业去钻研探究。而另一些读者以前可能对物理学有非常糟糕的体验，那么本书或许是令他们改善印象的良方。而对更广大的读者来说，本书也会激起他们的惊叹之心，惊叹于人类对自己所探索的事物已有如此深刻的了解。

关于世界的性质，物理学告诉了我们很多内容。为了将这些知识进行一番基本的传达，我选择了一系列现代物理学中最重要的概念，并试图展示它们之间的联系。我们将考察广袤的物理概念版图，从最宏大的宇宙尺度到最微小的量子尺度；从物理学家对统合诸自然法则的探求，到他们对支配生命的最简物理原理的追寻；从理论研究的思辨前沿到奠定我们日常经验和技术的物理知识。我也将为读者带来一些新观念，这些观念已经渐为我们物理学家接受，但核心专家圈以外的人对它们还知之甚少，我们还需更好地传播这些观念。比如，在亚原子尺度，孤立的粒子之间即便相隔甚远，也会通过一种违反常识的方式进行瞬时通信。这种名为“非定域性”的特性最终会修正我们对空间结构的全套理解。但是很遗憾，许多非物理学专业人士，甚至有些物理学家，都误解或误阐了这个特性的真正含义。

很多介绍物理学基础概念的科普读物都会受到批评，这些批评通常是理论物理学家提出的，他们认为这些读物并不总是有助于非专业读者掌握这些概念的实际意思。在我看来，这是因为真正懂得这些概念、撰写研究论文并提出新理论的物理学家，并不一定是向非专业人士解释自身想法的最佳人选；反过来，那些在向公众传播作品方面较有成功经验的作家，又可能对一些概念理解得不够透彻，因而只能做些简单的比方。而一个人即便既懂物理学，又能成功地（但愿吧）向非专业人士表达想法，他要解释诸如“规范不变性”“对偶性”“永恒暴胀”“全息原理”“共形场论”“反德西特空间”“真空能量”等术语，并在不涉及复杂数学计算的情况下表达对相关物理学内容的真正见解，也绝非易事。在本书中我已竭尽所能，但很可能有些读者认为我还可以做得更好——当然我未来会做到这一点。

不过，如果你希望深入钻研某个特定领域，而我在这里只是稍有涉及，那么还有许多杰出著作可资借助。我在本书末尾开列了一些我认为对大家来说最明白易懂、最具启发的书目。这份清单上的很多书都讲述了科学发展的进程——自古希腊以来的数千年里，物理学是如何发展的，新知是如何发现的，各种理论和假说是如何提出或遭摒弃的。这些书常常聚焦于物理学中颠覆了前人宇宙观的革命，并描写这些历史性事件中的主要人物。但是在这本小书中，我不会回顾人类已经走了多远，也不会过多讨论还要走多远的话题（因为我也不知道，恐怕还有很长的路要走吧），当然我在第 8 章中会集中讲述一下人类“已知的未知”。

同样，我也没有特别要阐述的理论。例如，涉及调和量子力学和广义相对论（现代理论物理学的圣杯）时，我不属于致力于此目标的两大阵营的任何一方：我既不倡导弦论，也不热衷于圈量子引力论，因为两者都不是我的专长；而及至阐释量子力学的意义时，我既不是“哥本哈根派”，也不是“多世界”的拥护者（我会在后面各章解释上述理论和思想的内容）。但这不妨碍我时不时地对这些问题进行质疑挑战。

我也会尽力不太过纠缠于哲学、形而上学的思考，即使人在讨论物理学前沿的一些较为深奥的观点时，会禁不住思考这些方面，无论是空间和时间的性质，量子力学的各种不同诠释，还是现实本身的意义。这并不是说物理学不需要哲学思考。举例说明一下哲学是如何在最基本的层面上给我的专业带来养分的。物理学的任务究竟是弄清楚世界“真的”是怎样的，如爱因斯坦所认为的那样，探求某个有待发现的最终真理；还是建立各种关于世界的模型，然后以我们当下关于现实“能够说出的”最佳阐释进行揣测，而这个现实我们可能永远不会知晓？人们会惊讶地发现，在这个问题上，物理学家甚至都无法达成一致意见——不过我自己站在爱因斯坦一边。

简单来说，我认为物理学赋予了我们了解整个宇宙的工具。物理学研究就是探索对世界的阐释，但在着手研究时我们得问对问题，而这是哲学家非常擅长的。

因此我们将以谦逊的思想态度开始我们的旅程，坦诚地讲，这是一种人人都有的态度，无论长幼，是前辈还是后代：一种知道自己无知的态度。能想到我们还不知道什么，我们就能想到发现它们的最佳办法。正是在人类历史进程中提出的许多问题，使我们对所了解和热爱的世界有了越发清晰的认识。

欢迎来到物理学的世界。

01
对理解的敬畏

尽管故事一直是人类文化中非常重要的一部分，我们的生活中没有故事会非常无聊，但如今在科学领域中，现代科学已经取代了许多古代神话和与之相伴的迷信。“创世神话”就是一类很好的例证，能说明我们如何将理解世界的方法去神秘化。自有历史以来，人类就发明了各种世界起源故事，在世界创生的过程中，神灵都起了重要的作用，从苏美尔人的天父之神安努（Anu），到希腊神话里在混沌中诞生的盖亚（Gaia），以及诸亚伯拉罕宗教中的创世纪神话，等等，至今在许多社会中仍被当作如实刻画的真相。在很多非科学界人士看来，关于宇宙起源的各种现代宇宙学理论不见得比被它们所取代的宗教神话更高明，而如果去看现代理论物理学中一些很大胆的推测，你或许会觉得这些人有一定的道理。但是通过理性的分析和仔细的观察——这是一个不断检验和构建科学证据的艰苦过程，而非凭盲目的信念去接受各种故事和解释——如今我们可以信心十足地宣称：关于宇宙，我们了解颇多。我们也可以有把握地说，那些未解的谜题无须归因于超自然的力量，它们只是我们还未理解的现象，有朝一日我们有望通过推理和理性的探索，也就是物理学，来理解它们。

与一些人认为的相反，科学方法不只是看待世界的另一种方法，也不只是另一种文化意识形态或信仰体系。它是我们了解自然的方法，其中包括反复试错，实验和观察，时刻准备着替换掉那些显露出错误或不完善的观点，以及发现大自然中的模式、规律和表达它们的数学方程之美。在此过程中，我们也在深化理解并不断靠近“真相”——世界“真正的”样子。

不可否认，如同我们每个人一样，科学家也有梦想和成见，所持观点也不总是完全客观的。一群科学家口中的“共识”，在另一群科学家看来就是“教条”；一代人眼中的既定事实，在下一代人那里就被证明为天真的误解。如同在宗教、政治或者体育运动中一样，科学中也总是充满激烈的争鸣。科学中也时常存在这样的危险：某一科学议题还没得出结论，或至少还不能免于合理的怀疑，而这时，争鸣的各方所持的立场却可能变成根深蒂固的执念。每种观点都可能是精微复杂的，其倡导者也会像在其他意识形态的争辩中一样坚定不移。这也正像社会大众对待宗教、政治、文化、种族或性别的态度，我们有时候需要新的一代人出现，挣脱过去的束缚，把争论推向前进。

但与其他门类相比，科学也有一个重要的差异点。一次仔细的观测或者一场实验的结果，就能使已被广泛接受的科学观点或经久不衰的理论过时，进而被新的世界观取代。这意味着，关于自然现象的各种解释和理论，只有经得起时间的检验，才是我们最为信赖、最有信心的。例如地球绕着太阳转，而非相反；宇宙在不断膨胀，而非静止不变；真空中的光速度始终如一，与测量者本身的移动速度无关，如此等等。每当一项足以改变人类世界观的重大科学新发现出现时，并非所有的科学家都会马上接受，但这是**他们的**问题。当然，科学进步是无法阻挡的，而这**总是**一件好事：知识和启蒙总是好于无知。我们起步于无知，但追求有所发现。虽然一路走来会有争吵，我们却无法忽视自己的所得。当涉及我们如何科学地理解世界时，所谓的“无知是福”就是一堆垃圾。正如道格拉斯·亚当斯说过的：“无论何时，我对理解的敬畏都胜过对无知的敬畏。”*

未知的事物

我们时常发现自己还有那么多不知道的东西，这也是不争的事实。我们不断增长的知识也让我们对自己的无知有越来越多的认识。如同我下面会讲到的那样，某种意义上，物理学正处在这样的情况之中。我们当前正处于这样一个历史时刻：许多物理学家都认为，即便物理学本身还没有发生危机，那么它也至少在蓄积一股力量，让人有一种箭在弦上之感。几十年前，眼见着“万有理论”呼之欲出，像斯蒂芬·霍金这样杰出的物理学家也不免发问：“理论物理学的终结就在眼前？”† 他们说

---

* 道格拉斯·亚当斯，《困惑的三文鱼：在银河系的最后一次搭车》（Douglas Adams, *The Salmon of Doubt: Hitchhiking the Galaxy One Last Time*. New York: Harmony, 2002），第 99 页。

† 这是霍金发表于 1981 年的一篇论文的标题（S. W. Hawking, “Is

这个领域已经发展到了最后的细枝末节阶段。但是他们错了，当然这也不是他们第一次犯错。19 世纪末的物理学家也曾发出类似的感叹，接着就涌现了大量的新发现（电子、放射性、X 射线等），这些发现无法用当时已知的物理学知识来解释，由此催生了现代物理学。如今，很多物理学家感到，我们可能处在另一场物理学革命的前夕，这场革命会像一个世纪前相对论和量子力学的诞生带来的那场变革一样重大。我不是说我们马上要发现一些根本性的新现象，像 X 射线或放射性那样，而是说可能需要另一个爱因斯坦来打破当前的僵局。

大型强子对撞机（LHC）在 2012 年成功探测到希格斯玻色子，由此证实了希格斯场的存在（我会在后面介绍），但此后还没有新的成果跟进；当时有许多物理学家希望，时至今日，我们应该已经发现了其他新的粒子，这些发现会有助于解开长期存在的谜题。但现实是，关于将星系维系在一起的暗物质，以及将宇宙撕裂的暗能量，我们仍不了解它们的性质；我们也无法解答一些根

---

the End in Sight for Theoretical Physics?," in *Physics Bulletins* 32, no. 1 (1981): 15–17）。

本性问题，如物质为何多于反物质，宇宙的诸多特性为何会如此精密相谐从而使恒星、行星乃至生命存在，多重宇宙是否存在，在这个可见宇宙的创生大爆炸之前是否还存在其他东西。还有许多我们无法解释的问题。然而，我们又很难不被人类至今取得的成就搞得眼花缭乱：我们已然发现，一些科学理论在超出我们此前设想的更深层次上是相互连接的，而另一些理论则被证明是完全错误的——没有人能否定我们在探索的道路上已经走得相当远。

有些时候，根据新的经验证据，我们会意识到认错了目标。另一些时候，我们仅仅是改进了一个想法，这想法本来也不算错误，只是一个粗略近似，但改进之后，我们就对现实有了更精确的认识。我们可能对基础物理学的某些方面并不完全满意，心里很清楚这些方面还远没有最终定论，尽管如此，我们还是继续倚重这些理论，因为现阶段它们依然有用。牛顿的万有引力定律就是一个很好的例子。它仍然被郑重地称作“定律”，是因为当时的科学家满怀信心地认为这是关于物理的最终定论，以至于把它升格到定律而不只是“理论”，这个名称就沿用了下来。现在我们知道，他们把信心放错了地方。爱因斯坦的广义相对论（注意这里称“理论”）取代了牛顿定律，因为这个理论对引力有了更深刻更准确的解释。然而我们仍然在用牛顿的方程去计算航天任务中的飞行轨道。牛顿力学虽然不像爱因斯坦相对论预测得那样准确，但是前者的预测几乎在所有的日常应用中依然够用。

另一个例子是我们还在研究的粒子物理学标准模型。它由两个独立的数学理论合并而成，分别是“电弱理论”和“量子色动力学”（quantum chromodynamics），两者一起描述了所有已知基本粒子的性质和彼此间的相互作用力。一些物理学家认为，标准模型仅仅是在更精确、更统一的理论发现之前的权宜之计。但就目前的情况来看，关于物质的性质，标准模型能告诉我们需要知道的一切：电子如何以及为何围绕原子核排布，原子如何相互作用形成分子，分子如何结合在一起形成我们周围的万事万物，物质如何与光相互作用（因而几乎所有现象都能获得解释）。仅提其中的一点：量子电动力学（quantum electrodynamics）在最底层奠定了所有的化学反应。

但是标准模型不会是关于物质性质的最终定论，因为它不包括引力，也没有解释暗物质或暗能量，而后两者构成了宇宙的绝大部分内容。解答一些问题自然会引出另一些问题，而物理学家们持续探索着“超出标准模型”的物理学，企图解开这些长期存在而又至关重要的未知问题。

我们如何进步

比起其他科学门类，物理学取得进步，是通过理论和实验之间持续的相互影响。理论上的预测只有不断地为实验所证实，这些理论才算经受住了时间的检验。一个好的理论在于它做出的新预测能够在实验室得到验证，但如果该理论与实验结果相矛盾，它就必须接受修正甚至加以摒弃。反过来，实验室的实验也能产生未被解释的现象，这就需要拓展新的理论。在其他科学领域，我们看不到如此美妙的配合关系。纯数学的定理通过逻辑、演绎和运用公理来证明，无须在现实世界中证实。反之，地质学、行为学、行为心理学等则主要是观测科学，在这些学科中，认识上的进步是通过人从自然界辛苦收集数据，或是细心设计实验测试来取得的。但是物理学**只能**在理论和实验的携手合作中才能取得进展，就像两人攀登悬崖，须得一个人拉着另一个人上来，然后二人再向下一个立足点攀登。

物理学家如何发展他们的理论和模型，如何设计实验来检测世界运行机制的某个方面？用另外一个很好的比喻来讲，这就好像用一束光去照射未知的事物。考虑在物理学中寻找新观念的情形，大略而言，我们会发现有两类研究者。试想你在没有月光的黑夜里走回家，突然发觉外套口袋里有一个洞，而你的钥匙肯定是在中途穿过这个洞掉了出去。你知道钥匙一定在刚才走过的那段路的某个地方，所以你返回去寻找。你会只在路灯照得到的路段上寻找吗？那些区域只是整条路的一部分，当然你至少也会在这些地方看一下是否有钥匙。还是你也会在路灯之间没有光照的黑暗路段里搜寻搜寻？你的钥匙很有可能就在这些地方，也会更难找到。

类似地，有的科学家只盯着路灯杆，也有研究者会在黑暗中搜寻。前者安然地开展工作，发展的理论可以对照着实验来检测——他们是在看得见的地方做研究，这意味着他们不那么热衷于提出原创性观点，但他们有较高的成功率增进我们的知识，尽管这种知识增长是渐进式的演化而非革命。相反，黑暗中的研究者会提出高原创性、高猜想性的观点，这些观点不那么容易检验。

他们成功的机会要小一点，但如果他们说对了，回报会是巨大的，而且他们的发现可能导致我们认识上的范式转变。相比于其他科学门类，上述区别在物理学中更为普遍。

我对那些受到挫折的研究者和梦想家抱以同情，他们经常钻研的是像宇宙学和弦论这样的深奥领域，他们不是为了让数学表达更好看才去添加一些新的维度，也不是为了让我们的宇宙不那么奇怪才去假设有无限多个平行宇宙。但也有一些著名的例子是研究者憋到了宝。20 世纪的天才保罗 · 狄拉克在自己优美的方程的激励下，提出了反物质存在的假设，而数年后的 1932 年，人们发现了反物质。接着是默里 · 盖尔曼和乔治 · 茨威格，他们在 20 世纪 60 年代中期各自独立预测了夸克的存在，而当时还没有实验证据能表明这种粒子的存在。彼得·希格斯要过上半个世纪，才会等到人们发现他提出的玻色子并确证以他的名字命名的理论。甚至量子力学先驱埃尔温 · 薛定谔，当初也不过是凭带着灵感的猜测，提出了以自己的名字命名的方程：他虽然写出了该方程的正确数学形式，但一开始他自己也不知道这个方程的解意味着什么。

这些物理学家都有怎样独一无二的天分？是直觉？还是第六感让他们觉察到了自然的奥秘？也许吧。诺贝尔奖得主史蒂文·温伯格认为，正是蕴藏在数学中的美，指引了像保罗·狄拉克和19世纪苏格兰物理学家詹姆斯·克拉克·麦克斯韦这类伟大的理论家。

但是这些物理学家都不是孤立地进行研究的，他们的观点也需要和所有的既定事实及实验观察相一致。

对简单性的探索

对我来说，物理学真正的美不仅仅在于抽象的方程或是令人惊讶的实验结果，还在于支配世界的深层原则。这种美就像令人惊叹的落日，像达·芬奇的绘画、莫扎特的奏鸣曲等伟大的艺术作品那样让人肃然起敬。这种美不仅在于自然法则那令人惊奇的深邃，也在于论及这些法则的来源时，底层的解释（即我们如何知道的这些法则）简单得难以置信。*

---

* 当然，美未必只和简单联系在一起。正如伟大的绘画艺术或者音乐中存在着美，在一些极其复杂的物理现象中也能发现美。

探究简单性的一个绝佳例子，就是科学对物质的基本组成要素长期而持续的发现之旅。不妨看一眼周围，思考一下组成我们日常世界的一系列材料：混凝土、玻璃、金属、塑料、木头、织物、食材、纸张、化学品、植物、猫咪、人类……千百万种不同的物质，每种都有自己的特性：濡湿的、坚硬的、流质的、闪亮的、柔韧的、暖的、冷的…… 你要是对物理学或化学一窍不通，可能会觉得大多数物质之间没有多少共同之处；但是我们知道万物皆由原子组成，而原子的种类却数量有限。

但我们对更深层次的简单性的追求，不会止步于此。对于物质结构的思考可以一直追溯到公元前 5 世纪的古希腊，当时恩培多克勒首次提出一切物质皆由四种基本的“元素”组成（他称之为“万物的四重根”）：土、水、气、火。不同于这个简单的想法，大约在同时期，另外两位哲学家——留基波和他的学生德谟克利特——提出了一切物质皆由微小且不可分割的“原子”组成。然而两种观点虽然各有潜力，却彼此矛盾。一边的德谟克利特认为物质最终是由作为基本构件的原子组成，但同时觉得原子有无限多种；另一边的恩培多克勒提出万物最终是由四种元素构成，但却认为这些元素是连续且无限可分的。柏拉图和亚里士多德都推崇恩培多克勒的理论，反对德谟克利特的原子论，因为他们认为原子论所包含的过分简单化的机械唯物主义无法说明世界的“美”和“形式”的丰富多样性。

古希腊哲学家所做的探讨不是我们今天理解的真正意义上的科学——除了个别值得注意的例外，如亚里士多德（从事观察）和阿基米德（进行实验）——他们的理论往往只是理想化的哲学概念。尽管如此，今天我们通过现代科学的工具知道上述两种古代思想（原子论和四元素说）至少在精神上是走在了正确的道路上：我们的世界，包括我们的身体，我们在太空中看到的一切如太阳、月亮和其他星辰等，其构成材料都是由不到一百种的各类原子组成的。如今我们也知道，原子也有内部结构。它们是由微小致密的原子核及围绕原子核的电子云组成，而原子核本身还有更小的组成部分，质子和中子，而这两者又由更为基础的构件——夸克——组成。

因此，尽管物质的复杂性显而易见，由化学元素构成的各类物质不可胜数，但古人对简单性的探求终究是行之不远。以我们今天对物理学的理解，世上所有可见物质的组成要素，并非如希腊人所说的古典四元素，而只是三种基本粒子："上"夸克、"下"夸克和电子，仅此而已。其余都只是细节问题。

但物理学的工作不只是给世界的构成要素分类，它还要为我们观察到的自然现象找到正确的解释，发现各种底层原理及这些原理的运行机制。虽然古希腊人会满怀激情地探讨原子的真实性或者"质料"和"形式"间的抽象关联，但他们不知怎么解释地震、闪电，遑论月相圆缺或彗星偶现这样的天文现象了——尽管他们也没有放弃尝试。

自从古希腊人做出探索以来，我们已经走过相当长的一段路，但仍有大量的现象需要我们去理解和解释。本书中涉及的物理学内容，基本是我们有把握的那些。自始至终，我会解释为什么我们有把握，并指出哪些是猜想，哪些还有商榷空间。当然，料想有些内容在将来会变得过时。可能本书刚一出版，人类就又取得了重要发现，这又会修正我们在某些方面的认识，而这就是科学的特质。**多数情况下**，你在本书中读到的内容是关于这个世界的真实状况，这些事实已经得到普遍接受，毋庸置疑。

在下一章，我将探讨一下尺度的话题。没有其他科学领域像物理学这样大张旗鼓地处理如此广泛的尺度，无论是时间上、空间上还是能量上的，从微小到无法想象的量子世界到整个宇宙，从眨眼一瞬直至永恒。

在对物理学所能解释的范围有所认识后，我们将正式踏上旅程，从现代物理的三大“支柱”开始：相对论、量子力学和热力学。为了依照物理学的呈现来描绘世界图景，我们须先准备好画布，而这幅画布就是空间和时间——宇宙中发生的一切，都可以归结为在空间中的某一处和时间中的某一刻发生的事件。不过我们将在第 3 章看到，这张画布无法和所画的内容分开。空间和时间本身就是现实不可分割的一部分。你会很震惊地发现，物理学家对空间和时间的看法，是多么地不同于我们的常识，因为物理学家依赖于爱因斯坦的广义相对论，该理论描述了空间和时间的性质并明确了我们要如何思考宇宙的结构。一旦画布就位，我们就能继续准备颜料了：第 4 章就会指明物理学家所谓的物质与能量是什么意思，宇宙中的各种“东西”是由什么组成、如何被创造又是如何运转的。大家也可以把这一章当作前一章的配套章节，因为我同样描述了物质和能量如何与它们所在的空间和时间密不可分。

第 5 章涉足微观世界，我们将画面不断放大，重点着眼于对物质基本构成要素之性质的研究。这里就是量子世界，现代物理学的第二根支柱，在这个世界中，物质的行为表现和我们日常体会到的大不相同，而我们对于“何为真实”的理解也变得越来越不可靠。然而我们对量子的认识绝不是什么异想天开或者智力消遣；要不是因为理解了主宰物质和能量的基本要素的那批规则，我们不可能构建出现代技术世界。

在第 6 章中，我们把镜头拉得离量子世界稍远一些，看看当我们把许多粒子放在一起，形成更大更复杂的系统时，会发生什么。物理学家所说的有序、无序、复杂、熵、混沌都是什么意思？在这里我们会遇到物理学的第三根支柱——热力学，即关于热、能量和大质量物体性质的研究。我们不可避免地要问是什么让生命本身如此特别。生命物质与非生命物质为何如此不同？毕竟，生命也和其他一切事物一样，都遵循同样的物理法则。换句话说，物理学能帮助我们理解化学和生物学之间的区别吗？

在第 7 章，我们会探讨物理学中一个最为深奥的观念，即“统一”：在这种观念之下，我们一再寻找并找到各种普遍法则，从而用一套统一的描述或理论将自然界中看似完全不同的现象统合了起来。在本章末尾，我会介绍一些研究追求涵盖一切的“万有理论”的领军人物。

在第 8 章，我们将触及当前对物理宇宙的认识的极限，并最终会涉足广阔的未知领域。我会探讨一些我们目前正努力解决的谜团，并推测这些谜团是否会很快得到解决。

在倒数第二章，我会讨论物理学理论和实验是如何相互作用并为现代世界奠定技术基石的。比如要是没有量子力学，我们就不能理解半导体的特性或发明硅芯片，而这又是全部现代电子学的基础；没有量子力学，我也无法在笔记本电脑上打下这些文字。我也会展望一下未来，预测目前的量子技术研究将如何超乎想象地变革我们的世界。

在最后一章，我会探讨科学真理观，而探讨的背景正是我们这个“后真理”社会——很多人对科学仍然持怀疑态度。科学的进程如何有别于人类的其他活动？是否有绝对科学真理这样的东西？如果科学的任务是找出关于自然的深层真相，而科学的事业在于形成假设并检验假设，并在这些假设不符合数据时则舍弃它们，那么科学家该如何使社会大众相信科学事业的价值？如果有一天我们知道了所有要知道的，科学是否会走向终结？还是说对答案的探求活动将继续引我们进入一道不断下探的深渊？

在序言中，我保证过不会太纠缠于哲学思考，而这里我做的恰恰是这样的思考，而且还只是抛砖引玉。因此，我要深吸一口气，慢慢地、把握分寸地带领大家重新开始。

02
尺　度

不同于哲学、逻辑学或纯数学，物理学是一门经验性的、定量的科学。* 它有赖于凭借可重复的观察、测量和实验来检验并证实各种观点。尽管物理学家有时会提出稀奇古怪的数学理论，但衡量这些理论是否有效能的唯一真正标准，是它们能否描述真实世界中的现象，而且我们能比照真实世界来检验这些理论。这就是为什么斯蒂芬·霍金从未因为他在20世纪70年代中期就黑洞辐射能量的方式（一种名为“霍金辐射”的现象）所做的工作而获诺贝尔奖——诺贝尔奖只授予已获得实验确认的理论或发现。同样，彼得·希格斯及做出类似预测

* 为了说明全部情况，我得补充一下，在过去20年里出现了一门新的学科，叫“实验哲学”。

的其他人，也要过半个世纪才能等到大型强子对撞机证实希格斯玻色子的存在。

这也说明了，为什么物理学这门科学，只有在观察、实验、定量测量等检验理论的方法所需的工具和仪器发明以后，才能取得真正重大的进步。古希腊人可能擅长抽象思维，他们发展出了哲学、几何学这样的学科，其所达到的成熟、精深的程度，使这些学科至今仍然有效；但是除了阿基米德，他们不是特别以实验的才干闻名。物理学的世界要到 17 世纪才真正登场，这在很大程度上要归功于在整个科学界中两种最重要仪器的发明：望远镜和显微镜。

假如我们只能认识肉眼可见的世界，那么物理学就走不了多远。肉眼可“见”的波长范围只占整个电磁波谱的一小点，人眼也仅能觉察那些不太小也不太远的物体。虽然原则上讲，如果有数量充足的光子到达我们的眼睛（且有无限长的时间让这些光子到达！），人类也能看到无限的范围，但这也不大可能让我们看到很多有用的细节。但是，显微镜和望远镜一经发明，便给世界打开一扇扇窗户，极大地增进了我们的认识，它们放大了极微小的事物，拉近了极遥远的天体。最终，我们能够做出细致的观察和测量，从而检验并完善我们的观念。

1610 年 1 月 7 日，伽利略用他改进过的小型单筒望远镜对准天空，之后就永远消除了“我们处在宇宙的中心”这样的观点。* 他观察到了木星的四颗卫星，并正确地推断出，哥白尼的日心说模型是正确的：是地球绕着太阳转，而非相反。通过观察木星轨道上的天体，他揭示出，并非所有天体都绕地球运转；地球并不处在宇宙的中心，而是像木星、金星、火星等其他行星一样绕着太阳转。凭着这个发现，伽利略闯入了现代天文学。

伽利略引发的不仅仅是一场天文学革命，他同样把科学方法本身置于一个更为坚固的基础之上。基于中世纪阿拉伯物理学家伊本 · 海什木的工作成果，伽利略对物理学进行了“数学化”。在建立描述或毋宁说预测物体运动的数学式时，按他的话来讲，他毫无疑问地揭示出，自然这本书“是用数学的语言写成的”。†

相对于伽利略的天文观测，在尺度的另一端，罗伯

---

* 毫无疑问，科学史研究者会对这种简单的论述提出异议。伽利略不是一下子根据他的观察来确立日心说的，而是只给出了一些提示性的事实（如木星有卫星）。

† 引用自伽利略的名著《试金者》（*The Assayer* / *Il Saggiatore*, 1623, Rome）。

特·胡克和安东尼·范·列文虎克也用显微镜打开了一片迥异的新世界。胡克出版于1665年的名著《显微图谱》（*Micrographia*）包含了令人惊叹的微观世界图样，从苍蝇的眼、跳蚤背上的毛，到前所未见的单个植物细胞。

如今，人类能够探索的尺度有着惊天的范围。我们用电子显微镜能看到单个原子，其直径只有千万分之一毫米；用大型望远镜可以看到465亿光年之外，可观测宇宙的最远处。*其他的科学研究都没有如此广大的尺度。不过还是忘掉原子级的精度吧，苏格兰圣安德鲁斯大学的一个团队最近向我展示了如何测量最小的长度，让我大开眼界，印象深刻。他们想到了一个测量可见光波长的办法，借助一种名为“波长计”的仪器，测量精度可以达1阿米，或者说一个质子直径的千分之一——他们让激光穿过一小段光纤，光线于是被打散成颗粒状图案，名为“散斑”，然后对光的波长做极其细微的调节，再记录散斑的变化。

物理学不仅包罗广大范围的长度，还能测量大范围

---

* 人类能观测到的最远距离的光来自可见宇宙的边缘，经过约130亿年到达我们这里，向我们展示了宇宙初期的样子。然而由于空间的膨胀，这束光的源头现在离我们已经远远不止130亿光年了。

的时间——从最微小的眨眼一瞬到宇宙级的永恒。这里有一个鲜明的例子。2016 年，德国开展了一项实验，物理学家们测量了一段非常短的时间，短得超乎想象。当时他们正在研究一种名为“光电效应”的现象，这种现象就是光子通过撞击原子释放出其中的电子。这一过程首先在爱因斯坦于 1905 年发表的一篇著名论文中得到了正确的解释，他也因此在多年后获得了诺贝尔奖（而不像你可能设想的那样，是因为他在相对论上的研究）。如今，这个从材料中击出电子的过程被称作“光电发射”，是我们用太阳能电池板将日光转换成电力的方法。

2016 年的这次实验，使用了两台特殊的激光器。第一台激光器向一股氦气发出一段短到几乎无法想象的紫外激光脉冲，这股脉冲光束仅持续万万亿分之一秒，或说 100 阿秒（10^{-18} 秒）。* 第二台激光器的能量稍小（频率落在红外范围），脉冲持续时间也稍长于第一台。该实验的任务是捕捉逃逸的电子，使研究人员能够计算电子被击出原子所需的时间。结果研究人员发现，这个时间更短：仅是第一个激光脉冲持续时间的 1/10。实验结果

* 1 秒之内所包含的阿秒数，多于自大爆炸以来的秒数。

的有趣之处在于，被击出的电子实际上还稍微延迟了一点。大家知道，每个氦原子有两个电子，被击出的电子会受另一个电子的影响，这个影响虽然微小，但还是延迟了电子射出的过程。一个仅持续几阿秒的物理过程竟可以在实验室中以这种方法实际测得，实在令人惊叹。

在我的专业领域核物理学中，还有比这更快的过程，虽然无法在实验室中直接测得。于是，我们转而开发计算机模型，来解释原子核的不同结构以及两个原子核碰撞并反应时所发生的过程。例如，核聚变的第一步——两个重核像两颗水滴似的融合在一起，形成更重的原子核——就是两个原子核中所有的质子和中子非常迅速地重组为新的原子核。这整个量子过程用时不到 1 介秒（10^{-21} 秒）。

在时间尺度的另一端，宇宙学家和天文学家已经能非常精确地计算出（我们这部分）宇宙的年龄，于是我们现在有把握说大爆炸发生在 138 亿 242 万年前（误差为几百万年）。我们对这个精确数值有十足的信心，这在有些人看来简直傲慢，而那些死守中世纪观点的人更是根本不信——他们认为宇宙只有 6000 岁，因此让我解释一下我们是如何得出这个数值的。

首先我们做两个重要的假设，后面我将对此做更为详细的探讨，现在只告诉大家，这两个假设都得到了观测证据的强有力支持：1. 物理学定律在我们的宇宙中到处相同；2. 空间在所有方向上都相同（各星系有同样的密度和分布）。这就使我们有信心认为，从地球上或经地球轨道上的卫星观测站所做的观测可以用来了解整个宇宙。基于这种观测，我们能用几种不同的方法算出宇宙的年龄。

比如，研究银河系里的恒星能让我们了解大量情况。根据恒星的大小和亮度，我们就知道恒星能存在多久，因为亮度决定了恒星热核聚变的燃烧速度。这意味着我们能算出最古老的恒星的年龄，由此就定下了银河系年龄的下限，进而给出了宇宙年龄的下限。由于最古老的恒星约为 120 亿岁，那么宇宙就不可能小于这个岁数。

接下来，我们的望远镜能观测到从遥远的星系发出的光，通过测量这些光的亮度和颜色，我们能算出宇宙现在和过去的膨胀速度。我们看得越远，就能在时间上追溯得越早，因为我们看到的光线一定是花了上百亿年的时间才到达的地球，并带给我们关于遥远过去的信息。而且如果能知道宇宙膨胀的速度，我们就能把时钟拨回到万物挤在一起的那个时刻，即宇宙诞生的那一刻。

此外，通过研究深空的微弱温度变化（所谓的“宇宙微波背景”/CMB），我们能得到宇宙的清晰快照，反映大爆炸后仅仅几十万年、各种恒星和星系形成之前的情况。这能让我们更为精确地确定宇宙的年龄。

一方面，物理学让我们能在最小和最大的空间及时间尺度上了解宇宙，但另一方面我觉得同样了不起的是，我们发现物理定律能运用在所有这些尺度范围之中。你可能不觉得这有什么奇怪，或许你自然而然地就假定，作用于人类尺度的自然法则也应该作用于其他尺度的空间、时间和能量上。但这绝非显而易见。

为了进一步探讨这一点，我要引入三个概念，这三个概念物理学专业的学生也不一定都会学到，但绝对有必要了解一下：普适性、对称性和还原论。

普适性

第一条“普适的”物理定律是艾萨克·牛顿发现的。*

---

* 这句里使用“普适”一词，是在非常一般的意义上，而不是像某

至于这个定律的创立是不是他看到了母亲农庄里的苹果从树上掉落因而受了启发，或者表达这个定律的数学公式是怎样的，在这里都无关紧要。关键在于牛顿意识到，使苹果掉落在地的力，和让月亮不脱离地球轨道的力，有着相同的来源——一个简单的数学式就能很好地描述这两个过程。在引力的作用下，物体在地球上的行为方式，和围绕地球的月亮、围绕太阳的各行星以及围绕银河系中心的太阳的行为方式，都是一样的。塑造地球生命的引力，也正是自大爆炸以来塑造整个宇宙的力。虽然牛顿对引力的描述在两个多世纪后被爱因斯坦更精确的描述所取代，但这掩盖不了牛顿对于引力的普适性的洞察。

爱因斯坦的广义相对论改进了牛顿的预测，也带给了我们对现实的全新描述，这一点我会在下一章深入探讨。实际上，爱因斯坦的理论展示了一种相当惊人的普适性，我只提一下该理论的一个方面，好明确我的意思。

些统计力学领域的物理学家所理解的较为具体的意义。“普适性”一词由美国物理学家利奥 · 卡达诺夫在 20 世纪 60 年代引入，代表了这样一种情况：有一类物理系统，其特性不取决于自身具体的结构和动力学情况，而能够从少数全局参数中推导出来。

以及，罗伯特 · 胡克对引力的研究早于牛顿。

爱因斯坦在1915年向世人展示了一个优美的数学等式，它至今仍是我们关于空间和时间性质的最佳理论，而且极为精确。该理论也准确预测了引力场会让时间变慢：引力场越强，时间走得越慢。这种效应产生了奇怪的结果：时间在地核（引力阱深处）要比在地表走得稍慢一些。这种时间上的差异自地球存在以来已经累积了45亿年，这意味着地核实际上要比地壳年轻两岁半。换句话说，每过60个地球年，地核就会比地壳“年轻”一秒。这个数值是用广义相对论的公式计算出来的，而我们要通过实验来检验这一点也绝非易事，但这就是我们对这个公式的信赖，没有物理学家会切实怀疑它的真确性。

思考一下上面的预测，你可能会觉得它有点自相矛盾。毕竟，如果我们钻一个洞打通地球，再下到地心，我们就不再受引力的作用，因为地球会在所有方向上均匀地拉扯我们——我们会感到自己失重。但是，对时间的影响不是因为引力的“力量”在地球中心，在那里引力为零，而是因为那里的引力“势能”，即把某物从地心拉到完全远离地球引力的地方所需的能量。物理学家会说地核处于地球势能井的最深处，这里的时间减缓是最显著的。

我们甚至为几米的高差测出不同的时间流速。你家楼上的时钟（离地核要稍远一些）的引力势能要比楼下的时钟稍弱一点，因此会走得稍快一点。但这个影响极为微弱：两个时钟要每过 1 亿年才会相差 1 秒。

如果你对这一切感到怀疑，我能向你保证，引力对时间的量值影响是非常真实的；假如我们在现代通信技术中不考虑这一点，那么你口袋中的智能手机就完全谈不上精确定位了。你在地球上的定位，要依靠手机和几个全球定位系统（GPS）卫星之间的信号收发。我们知道，这些电磁波穿越这段距离所需的时间也就是百分之几微秒，这样你的定位才能精确到数米之内。但如果我们认定时间流逝的速度处处一致，上述机制就行不通了。事实是，卫星上搭载的高精度原子钟每天要走快约四千万分之一秒，因此必须要故意调慢，以便和地球上较慢时钟的速度相匹配。如果不这样做，卫星上的时钟就会走快，你的 GPS 定位每天都会偏离 10 千米以上，从而使定位信息毫无用处。

同样厉害的是，广义相对论的方程不但能预测引力如何引起时间流速的微弱改变，它也能告诉我们可以想象的最大时间尺度，描述宇宙超过百亿年的历史，一路追溯回大爆炸，甚至还能预测宇宙的未来。爱因斯坦的相对论既适用于最短的时间间隔，也适用于最长的时间间隔。

但这个理论的普适性仅到此为止。我们知道，在极微小的长度和时间尺度下，日常世界的物理学（无论是牛顿的学说还是爱因斯坦的理论）都不起作用，必须代之以量子力学来预测。正如我在下一章要解释的，量子力学对时间的定义与广义相对论差别甚大。物理学家企图把相对论和量子力学结合起来形成统一的量子引力论，而上述差别仅仅是他们要面对的诸多挑战之一。

对称性

自然法则的普适性有非常迷人的数学渊源，还连接着科学上最强大的观念之一：对称性。基本而言，说一个几何形状是对称的，人人都知道这是什么意思。一个正方形是对称的，因为假如你画一条直线垂直穿过它的中心（或者画一条水平直线、一条对角直线穿过其中心），把它分为两半，然后将这两半互换，并不会改变它的形状。把它以 90 度的倍数旋转，得到的结果是一样的。圆的对称更明显，因为你可以把它旋转任意角度而不改变它的形状。

在物理学中，对称性能告诉我们更深刻的关于现实的信息，而不仅仅是某些形状在旋转或翻转时保持不变。物理学家说一个物理系统是对称的，意思是该系统的某个性质在其他条件改变时仍会保持不变。这被证明是一个非常强大的概念。“全局”对称指，只要整体在其他方面均做出某些改变或说“变换”，物理定律即保持不变（它们描述世界某项特征的方式不变）。1915 年，数学家埃米·诺特发现，我们只要在自然界中看到此种全局对称现象，就必定能找到一个相关的守恒定律（某物理量保持不变）。例如，物理定律不会随位置的改变而变化，这就让我们有了动量守恒定律；物理定律不会随着时间的变化而改变，这又让我们有了能量守恒定律。

这个发现已被证明是理论物理学上一个极有用的观念，而且具有深刻的哲学意义。物理学家总是在数学中寻找那些隐藏得更深层也更隐晦的对称。诺特定理告诉大家，我们不是为了描述世界而“发明”数学，而是如伽利略所说的那样，大自然的语言就是数学，它就“在那里”，随时等着我们去发现。

探寻新的对称，也有助于物理学家寻求自然界各种力的统一。有这样一种数学对称（要解释它并非易事）叫“超对称”，我们还不知道这是不是大自然的真正性质，但如果是，它能帮我们破解一系列谜团，如暗物质的构成是怎样的，弦论是不是正确的量子引力理论。问题在于，超对称预测了许多亚原子粒子的存在，而这些粒子还尚未发现。在我们得到实验证实之前，超对称仍然只是一个精巧的数学观点。

物理学家试图找到这些对称所揭示的物理定律和法则中的例外情况（即“对称性破缺”），由此他们也学到了许多，并因为此类努力而获得了一堆诺贝尔奖。你是否曾在餐厅里或高档宴会上坐在圆形餐桌边，忘记了盛面包卷的盘子应该放在左手边还是右手边？在席间的客人们开始用餐之前，整洁摆放的杯盘刀叉都是对称的。不考虑餐桌礼节的话，面包盘放左边还是右边其实无关紧要，而一旦有人选择把面包卷（正确地）放在他左边的盘子里，完美的对称就破坏了，然后每个人都可以有样学样。

对称性破缺有助于物理学家理解物质的构成要素：基本粒子及它们之间的作用力。最突出的例子就是作用于原子核范围内的两种力中的一种："弱核力"。直到 20 世纪 50 年代，人们都认为物理学定律就是我们宇宙的精确镜像。这一观点（左右可互换）名为"宇称守恒"，其他三种自然力——引力、电磁力和强核力——都遵守这种守恒。但是使质子和中子得以相互转换的弱核力，则被证明不遵守这种镜像对称。当左右互换时，它引发的物理现象不会完全相同。这种违反镜像对称的现象，如今成了粒子物理学标准模型的一个重要组成部分。

还原论

大部分现代科学都建立在这样的观念上：要理解世界的某些复杂特性，我们需要把它分解为多个基本的部分，就像把一个机械钟拆开，看所有的齿轮和杠杆是如何协调适配、共同运行的。这种"整体只是各部分之和"的观念就是"还原论"，它至今还是许多科学门类的主要思想。这一思想可以追溯到古希腊哲学家德谟克利特及其原子论：物质不能无限分割，而要由基本要素构成。后来的哲学家，如柏拉图和亚里士多德，反对原子论，认为该观点缺少了在他们心目中为物质本身不可或缺的

“事物的形式”。以雕塑的形式为例，它的意义和本质就不仅仅在于所用的石料。这种模糊的形而上学观不是现代物理学的一部分，但是以这种方式思考，有助于形成较为清晰的论证来反驳还原论。

再来看另一个例子：水。我们尽可以研究水分子 H_2O 的性质：氢氧键的几何形状、支配该形状的量子规则、水分子相互组合及排列的方式，等等。但我们无法仅凭在分子层面考察水的这些组成部分，就推导出水有“湿”的性质。这种“涌现出来的”性质只有在数以万亿计的水分子聚集在一起时才会明晰起来。

那么这是否意味着整体不只是各部分之和，因而我们还需去解释某些额外的物理特性，比如物质的整体性质？也不一定。“涌现”观认为，物理世界的一些性质，如热、压力或水的湿度等，在原子物理层面没有对当的内容，但这并不意味着一个系统整体要多于其各部分之和，毕竟这些涌现出来的性质依然只是建立在更基础的概念上的，比如在水的例子中，底层基础就是亚原子粒子间的电磁力。

还原论的主张一直延续到 19 世纪，当时的物理学家试图理解一些复杂系统的性质，这些性质无法用简单的牛顿力学定律解释。19世纪末，詹姆斯·麦克斯韦和路德维希·玻尔兹曼为物理学发展出了两个新的分领域：热力学和统计力学，二者能帮助物理学家“从整体上”了解由许多部块组成的系统（我们将在第6章更深入地考察这些领域）。这样，我们固然不能凭研究某种气体一个个分子的振动及相互碰撞来测得该气体的温度和压强，但我们仍然知道温度和压强不过就是单个分子的集体行为。除此之外还能有什么呢？

虽然这种简单化的还原论思路没什么错——从分子层面跳到更宏观的尺度上也不会有额外的物理过程像魔法一样出现——但当我们要去描述一个复杂系统的性质时，这个观点就用处有限了。我们需要的不是“新的”物理学，而是“更多的”物理学，这样我们才能了解、懂得为何在一个系统之内，某些性质会从各组成部分的集体行为中涌现出来。诺贝尔奖得主菲利普·安德森把这个观点概括为“量变引起质变”，这是他一篇著名论文的标题。*

---

* 在这篇发表于1972年的论文（P. W. Anderson, “More is different,” *Science* 177 (4047): 393–96）中，安德森批驳了极端还原论。他的例子是，把各学科按一条直线排成等级序列：从物理学这门最“基础”的

现在我们知道了，用各个部分（亚原子粒子、原子、分子等）来组成大团物质，需要更多的物理学知识；但这不等于知道了所需的物理学知识到底是什么。在我们试图为整个物理宇宙找到一幅统一图景之时，这一点会变得非常清晰。例如，我们仍无法从粒子物理标准模型推导出热力学定律，或反过来从热力学定律推出标准模型，因为量子力学和热力学这两个物理学支柱哪个更为基础，至今还不明确。对于更为复杂的结构，我们更远远谈不上理解，例如生命和非生命的区别。你我皆由原子组成，但活着显然不仅是一个复杂性问题，因为就原子结构来讲，一个活的有机体和一个完全相同却刚刚死亡的有机体一样复杂。

不过……或许我们可以想象有一天人类能有一个统一的物理学理论，能对所有自然现象做出基础性解释。在此之前，还原论思路也不会再有新成就了；现在，我

科学开始，依次到化学、生物学、心理学，再到社会科学。他认为，这套等级并不意味着一门学科是前一级学科的应用，因为“每个阶段都需要全新的定律、概念和推广，和前一等级的学科一样都需要很高程度的灵感和创造力。心理学不是应用生物学，生物学也不是应用化学。”我认为把这个作为还原论的驳论不太有说服力。一个概念是否具有基础性，并不取决于它有多深刻或是需要多少灵感、创造力来理解。

们要描述不同的内容，还需要用不同的理论和模型。

普适性的界限

尽管我们探求普适的物理学定律，还原论的局限则指出了这样的事实：有时，世界在不同的尺度下表现得完全不同，需要用合适的模型或理论来描述和解释。例如，在行星、恒星和星系这种尺度下，引力主导一切，掌控着宇宙的结构。但是我们能检测到，在原子尺度下，引力不起作用，主宰者是其他三种力——电磁力、强核力和弱核力。其实，整个物理学没有解决的最大问题（第5章还会讲到）大约就是：当世界缩小到单个原子的尺度时，那些描述日常中所谓“经典”世界（物质、能量、空间、时间）的物理定律会完全不起作用，此时登场的，是差异很大的量子力学规则。

甚至在量子层面，我们也经常需要选择最合适的模型来应用于我们所研究的系统。例如，自20世纪30年代初早期起，人们就知道原子核由质子和中子组成；但在60年代末，人们发现这两种也不是最基本的粒子，而是由更微小更基础的部分——夸克——组成的。但这不意味着核物理学家必须采用夸克模型来描述原子核的性质。朴素还原论方法会认为，要更深入更精确地描述原子核，就必须采用夸克模型。但这样帮助不会太大；在描述原子核的性质时，认为质子和中子表现得如同无结构实体，而非由三个夸克组成的复合系统，这种近似完全够用。因此，就算它们的性质和行为最终必定取决于其自身的更深层结构，但如果我们想了解的是原子核的形状、稳定性等性质的话，这种还原论观点也并不显而易见或大有必要。事实上，甚至单是核物理学领域，也采用了一系列差异很大的数学模型，每种最多也就应用于某一类的原子核，而没有针对原子核结构的普适理论。

这就是我所说的，世界在不同的大小、时长和能量尺度上，会有不同的表现。虽然物理学有两个奇妙之处：(1) 许多理论有普适性；(2) 通过挖掘更深层结构，了解部分与整体的关系，我们能对一个系统有更多的理解。但同时，我们还是经常要根据所关注的尺度来选择最合适的理论。如果你想修洗衣机，你无须先搞懂粒子物理标准模型的复杂道理，尽管洗衣机像世上一切事物那样最终都是由夸克和电子组成的。就算把关于现实世界量子性质的最基础理论应用到日常生活的各个方面，我们也得不到多少有意义的成果。

至此，在考察了物理学的能力和局限——从支撑物理定律的强大的数学对称性，到这些定律能够应用的尺度，再到还原论和普适性的界限——之后，我们已经准备好进入正题了。下一章，我要开始介绍物理学的三大支柱之一：爱因斯坦的相对论。

03
空间和时间

在这本小书里，我无法涵盖物理学的所有领域，尽管其中很多领域都很迷人。相反，我把当前我们对物理世界的了解浓缩为三根主要支柱、三幅从非常不同的角度呈现的关于现实的画面。本章及下一章介绍的第一个物理学支柱，建立在20世纪早期爱因斯坦的研究之上，它展现了对于受引力影响的物质和能量在极大尺度的空间和时间中有怎样的表现，我们目前是如何理解的，而这个理解就包含在他著名的广义相对论中。

要描绘爱因斯坦的世界图景，我们必须从“画布”本身开始。空间和时间是所有事件得以发生的基底，但这两个概念很是含糊。常识告诉我们，空间和时间应该从一开始就在那里——空间是事件发生和物理定律起作用的场所，而时间就是在无可阻挡地流逝。但我们关于空间和时间的常识是正确的吗？物理学家必须学习的重要一课就是不要总是相信常识。毕竟，常识告诉我们地球是平的，可就连古希腊人也明白地球的庞大尺寸意味着人无法轻易识别出它的弯曲度，但一些简单的实验就能让他们证明它实际上是个球体。类似地，日常经验告诉我们光有波的性质，所以无法同时表现出一连串单个粒子的特征；但假如是这样，我们又如何解释光的干涉图样？谨慎的实验可以毫无疑问地证明，在涉及光的性质时，感官会欺骗我们。而一旦及至量子世界，若想真正理解其中的事态，我们就必须放弃许多日常生活中基于简单直觉的观点。

学会不要总是相信自身感官，是物理学家从哲学家那里继承的一项可贵技能。早在1641年，勒内·笛卡尔就在他的《第一哲学沉思集》中主张，人想要了解绝对真实的物质世界，首先要怀疑一切，而不管感官告诉了他什么。根据笛卡尔的见解，这不是说我们不能相信任何所见所闻，而是说人想要判断哪些物质是真实的，“需要一个毫无偏见的、能轻松脱离感官体验的心灵”。*

---

* 引自1911年版《笛卡尔哲学著作集》（*The Philosophical Works*

其实，在笛卡尔之前很久，就有人思考过这个问题。中世纪学者伊本·海什木在11世纪初开展了一场阿拉伯语称为al-Shukuk（怀疑）的哲学运动，尤其是针对希腊人的“天体力学”（celestial mechanics），他详尽地写道，人应该质疑过去的知识，而不是在没有证据的情况下接受其听闻。这就是为什么物理学一直以来是一门经验科学，依赖的是通过实验来检验假说和理论的科学方法。

尽管如此，物理学中有些最重要的突破不是得自真实的实验或观察，而是从“思想实验”得出的逻辑结论——物理学家要思考某个假说，就设计出想象性的实验来验证其结果。这种实验有可能在实际中进行，也可能不行，但它仍然是有价值的工具，让我们仅凭借逻辑和推理的力量就能了解世界。爱因斯坦就进行了一些最有名的思想实验，并借此发展出了相对论。他的理论一经发展完善，就可以在真实的实验中得到检验。

涉及空间和时间的意义时，碰到这么多困难是不足为奇的，因为我们自身就困在空间和时间之中，很难把

---

of Descartes, trans. Elizabeth S. Haldane (Cambridge University Press)），第135页。

我们的心灵从它们的束缚中解脱出来，从外部“看到”现实。但难以置信的是，这是有可能做到的。在本章中，我将概述目前我们对空间和时间性质的理解——我们要感谢爱因斯坦和他的两个优美的相对论。

物理学家如何定义空间和时间?

牛顿物理学的一个重要特征就是空间和时间是真实存在的，不依赖于其中的物质和能量。但许多哲学家远在牛顿之前就思考过这个观点了。例如，亚里士多德认为没有内容的空间本身是不存在的，即没有物质就没有空间。很久以后，笛卡尔认为空间不过就是两个物体之间的距离(或叫“广延”)。根据这两位伟大思想家的见解，在空盒子里的空间仅仅因为盒子的界限才存在；如果把盒子的六个面去掉，原来盒子内部的体积就不再有任何意义。

但让我们再多探究一下这个例子。如果后来我们发现这个盒子在一个更大的空盒子里，那会怎么样呢？小盒子里的空间，在去掉六个面、成为大盒子中空间的一部分之后，还会继续存在吗？进而它必须一直是一个真实的“东西”吗？现在想象一下这个空的小盒子——说“空的”意思是没有任何东西，就是真空——要进入一个更大的真空盒子里。那么这个小盒子里的真空空间和它进入的真空空间是一样的，还是说它会从大盒子里面的空间中选一部分占据？如果把封闭的小盒子内的“真空空间”换成水，那么这个问题很容易回答：当这个盒子在更大量的水中移动时，我们知道盒子内部的水分子是相同的，只是盒子在移动时排开了外面的水。但如果没有水呢？如果我们现在去掉两个盒子的每个面，也去掉这个想象性宇宙中的其他一切，变得什么都没有，这时又会怎么样？“什么都没有”还算“有点什么”吗？存在这么个真空空间，是用来装填物质的，还是用来放入另一个盒子的？可能我只是用不同的方法问了相同的问题，但这全是因为这个问题举足轻重。

艾萨克·牛顿认为空间必须存在，好让物质和能量可以包含于其中，事件也可以发生在其中。但他认为空间只能作为真空的虚无而存在，与支配其中物质及能量行为的物理定律无关。对牛顿来说，空间就是画布，承载对于现实的描绘。因为如果没有空间——当然也没有时间——来确定事件，我们又如何能用坐标来定位事件？事件当然必须在空间中的“某一点”和时间中的“某一刻”发生。没有绝对的空间和时间，我们又如何指望锚定现实？

不过，牛顿是对的吗？我们现在能给出的答案是，既对也不对（抱歉）。从“空间就是真实的”这个意义上讲，他是对的——空间可不只是像笛卡尔认为的那样，是物体间的空当。但他说空间绝对存在，独立于它所包含的东西，就错了。

这两个表述听起来相互矛盾……直到你了解了爱因斯坦的相对论。爱因斯坦证明了，作为独立实体的绝对空间和绝对时间并不存在。但要理解这一观念的必要性，我得先向你介绍他的两个相对论。

爱因斯坦的狭义相对论

直到牛顿完成他的运动定律著作前，人们都认为对时间性质的讨论属于哲学和形而上学的领域，而非真正的科学。牛顿描述了物体在力的作用下如何运动和表现，又因为所有的运动或改变都需要时间才有意义，所以时间必须作为基础的一部分，纳入他对世界的数学描述中。

但是牛顿的时间是绝对的、不间断的，它以恒定的速率流逝，就好像有一个想象中的宇宙时钟在一秒一秒、一时一时、一天一天、一年一年地走着，独立于空间中发生的事件和过程。后来在 1905 年，爱因斯坦揭示了时间与空间的深层关联，从而使牛顿的经典力学世界崩塌。

爱因斯坦的结论是：时间不是绝对的，时间的流逝速度并非对每个人来说都一样。如果我看到两个事件同时发生——比如两束光分别从我两侧的光源发出——然后有人正好在这时从我身边经过，他不会看到两者同时发生，而会看到一束光稍稍滞后于另一束。这是因为，对我们每个人来说，时间的流逝速度取决于我们相对彼此的运动状态。这个奇怪的观点正是相对论第一课中的一个要点，叫“相对同时”。让我们退后一步，仔细考察一下这些概念。

思考一下声波是如何传入人耳的。声音只是空气分子的振动，它们通过相互碰撞传递能量。没有物质（空气）就不会有声音。在宇宙空间里，没人听得见你叫喊——正是 20 世纪 80 年代的电影《异形》在标题下方正确指出的。

爱因斯坦的见解是说，光波不像声波，不需要介质的承载。他的理论依托于两个观点（称为“相对性原理”）。第一个源自伽利略，该观点认为所有运动都是相对的，没有实验能展示某人或某物是真正静止的。第二个原理则是，光的传播速度与光源的移动速度无关。两个观点看上去都很有道理——直到进一步挖掘它们的深意之时。让我们先考虑一下第二个观点，即光的速度对每个人来说都相同，并做一个简单的思想实验。

想象在空旷的乡间公路上开来一辆汽车。发动机的声波会先于汽车到达你这里，因为声波的速度更快，但它的速度总归要取决于振动的空气分子能以多快的速度传播它；它不会因为汽车加速了就更快地到你这里。但是当声波的波长被压缩得更短时，会发生什么呢？这就是著名的“多普勒效应”，我们发现，当汽车总算到达继而经过你身边时，其音高会有变化。当汽车走远，声波的发出点在逐渐远去，因此它到达我们这里时波长变长，音高因而变低。所以，声波的波长取决于声源的速度，声波本身相对于我们的速度（它需要多久到我们这里）并无变化，除非我们开始在空气中向着开近的汽车移动。希望到这里为止，一切都很清楚。

光却不同。它不需要介质的传播，记住这一点我们才能测量光的速度。这意味着，没人有权声称自己处在真正的静止中，从而可以放心地测量光的“真实”速度。爱因斯坦由此得出结论：我们无论以多快的速度相对彼此运动，测量光速的结果都一样（只要在测量离我们有一定距离的光的速度时，我们没有正在加速或减速*）。

现在想象一下两艘火箭以近似光速的恒定速度相互靠近。但它们没有其他的参照点来证明哪艘火箭在运动或是没在运动。一艘火箭上的宇航员向迎面而来的另一艘火箭发射一束光脉冲，并测量这束光的离开速度。由于他大可以声称自己是静止地飘浮在真空中，而另一艘火箭正在全速前进，他应该看到射出的光正在以每小时10亿多千米的通常速度远去†，而他看到的情况也确实如此。但与此同时，另一艘火箭里的宇航员也大可以声称是自己静止地飘浮在太空中，她因此也可以期待测得迎面而来的光的速度为每小时10亿多千米（因为光速不取决于靠近她的光源的速度，一如汽车发出的声波），她实

---

* 这是一个技术细节。基本上，广义相对论处理的是非惯性参考系，在这个参考系中，时空会因引力或加速度而变弯曲。在这种非惯性系中，你只能在光线靠近时测得其恒定速度。

† 光在真空中的速度为10.792528488亿千米/时。

际上也确实测出了光是这个速度。所以两位宇航员应该会测到这同一束光脉冲以相同的速度行进，尽管他们也在以接近光的速度相互靠近！

光的这种奇怪性质，应该说并非光本身的特性，而是其传播速度的特性。这是我们宇宙中可能达到的最快速度，正是它将空间和时间编织在了一起：因为，光要对所有的观测者以相同的速度传播，而不管他们之间的相对移动速度，唯一的方法就是我们改变对空间和时间的概念。

再举个例子。想象你在地球上向太空中发出一系列光脉冲或闪光，用来去追一位乘高速火箭离开的朋友——那是未来的一种超强火箭，速度可达光速的 99%。你将测到光脉冲以每小时 10 亿多千米的速度离你而去，所以这些光能以高于火箭 1% 的速度慢慢追上你的朋友，就像公路快车道上的汽车要比慢车道上的车稍微快一点，所以能以这一点速度差追上后者那样。但如果那位火箭里的朋友盯着这些赶超上来的光脉冲，她会看到什么呢？相对论告诉我们，她会看到这些光束以每小时 10 亿多千米的速度超过她。我们要记住，光速是恒定的，所有观测者都会看到它以同样的速度前进。

把这一点解释通的唯一办法，就是让火箭上的时间比你在地球上的时间走得慢。那样的话，你看到的是光脉冲慢慢赶上去再经过火箭的舷窗，而你的朋友看到的是光脉冲一闪而过，因为火箭上走得慢的时钟显示流逝的时间很少——虽然对你朋友来说，时钟正以平常的速度走着。由此，所有观测者都看到光以相同速度移动的一个结果是，我们所有人测得的距离和时间都不相同。我们看到的情况也确实如此：对所有观测者来说，光速恒定是一个事实，这已经得到了实验的一再证明；若非如此，这个世界就讲不通了。

于是，狭义相对论把空间和时间结合了起来，出色地解决了这个违反直觉的情况，以得出我们都能同意的结论。想象整个空间被装在一个巨大的三维长方体盒子中。为了定义盒子内发生的事件，我们就给它赋予一个（x, y, z）坐标（表明它相对于盒子三个轴的位置），并给它一个时间值（事件发生的时间）。常识会告诉我们，时间值会和定义事件空间位置的三个数值非常不同。但如果我们能在空间三维坐标中再加一个时间轴，又会如何呢？这条轴的“方向”须和三条空间坐标轴的每一条都成直角，这就不可能用图形表现了，而是会形成一个

“时一空”结合的四维空间。我们只能用一个明显的简化方案来把这个四维空间图形化，就是舍弃掉空间中的一维，让我们的三维空间坍塌成一个二维平面，而把空出来的第三维用作时间轴。现在，把这个静态的时空组合当作一大块切了片的面包，时间轴是沿面包的长边延伸的。每一片面包都是整个空间在某一个瞬间的快照，连续的切片就对应着连续的时间。这个在物理学上称作“块状宇宙模型”。虽说是三个维度（两个维度的空间和一维的时间），但我们要记住，它实际上代表着一个四维的构造，即四维时空。我们在数学上处理四维没有任何问题，只是没法把它们画出来。

从外部考察四维空间，我们会体验到存在的全部，不仅是全部的空间，还有所有的时间：过去、现在和将来同时并存且凝结不变。这样一种全知视角是不可能有的，因为在现实中我们总是陷于块状宇宙之中，而将时间的流逝感知为沿着时间轴稳步前行，顺畅地从一个切片进到下一个切片，就像电影中的一格格镜头叠放成一排，而不是首尾相连成一卷。块状宇宙的概念之所以如此有用，是因为它能让我们根据相对论来理解不同的视角。两位观测者相对于彼此高速运动，每个人都有可能记录两个事件——比如两下闪光——但关于闪光之间相去多远或者间隔多久，二人是不会达成一致意见的。如果我们全都看到光以相同速度运动，这就是必须付出的代价。在块状宇宙的四维空间内部考察，空间上的距离和时间上的间隔可以结合起来，于是，任意两个事件间的分隔（即“时空间隔”）对所有观测者来说都是一样的。如果分别来看，各人对于距离和时间的分歧不过是视角在时空中的不同。你我可以从不同的角度看同一个立方体，如果你是从正面看过去而我不是，那我看到的前后长度（沿我的视线测得的距离）就和你看到的不同。这取决于我们观看它的角度。但我们还是能一致认为这是一个各边相等的正方体，任何的差异都只是因为我们的视角不同。发生在四维块状宇宙中的事件也一样，对于事件之间的时空间隔，我们总能得出一致的结论（见图1）。

爱因斯坦的相对论告诉我们必须把事物放在四维时空内考察，在其中，空间距离和时间间隔都只是视角问题。没有观察者有权声称自己观察空间和时间的视角比别人更正确，因为一旦空间和时间相结合，我们都会达成一致意见。观察空间和时间的众多个体视角都是相对的，但结合在一起的时空却是绝对的。

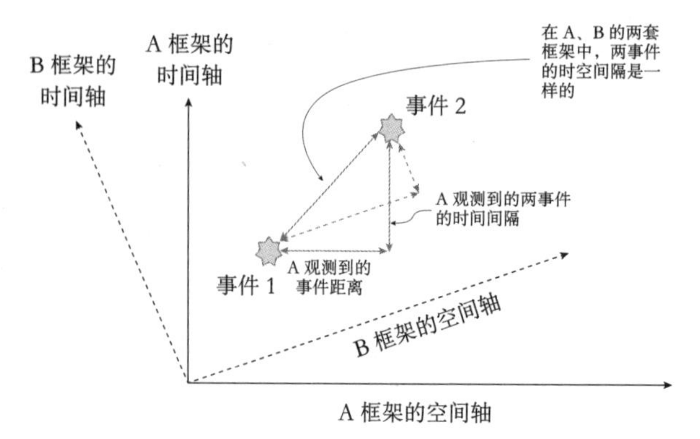

图 1　时空中的事件　两名观测者 A 和 B 相对于彼此高速运动，两人看到的两个事件（闪光）在空间和时间上皆彼此分隔。他们观测到的两事件间的距离不同，事件间的时间间隔也有差异。这是由于他们的空间和时间坐标轴不同。但在四维时空（这里为了简化而忽略了空间中的两维）中，两个事件在两套框架中的（时空）间隔是相同的；两个直角三角形有相同的斜边，尽管各自有着不同的空间距离和时间间隔。

爱因斯坦的广义相对论

爱因斯坦的狭义相对论融合了空间和时间，类似地，广义相对论则将时空与物质及能量联系了起来，这一点我将在下一章深入讨论，以便就引力的概念给出比牛顿更深刻的解释。根据牛顿的观点，引力是一种吸引的力：就像在物质间有一根看不见的橡皮筋把它们吸引到一起，无论它们相隔多远，这种力都能即时作用于二者之间。爱因斯坦则给出了一个更深刻、更精准的解释：物体所受引力的强度，是对其周围时空曲率的一种衡量。

同样地，这种时空曲率也没法图形化。我们连平坦的四维时空都无法想象，遑论弯曲的时空了。对于大多数日常目的来说，牛顿把引力描述为一种力，已经是对现实足够好的近似；但是当引力大大增强时，例如当我们靠近一个黑洞时，或者需要非常精确地测量距离和时间（如 GPS 卫星）时，这种近似的缺点就变得特别明显了。在这些情况下，我们只得放弃牛顿的描述，全面接受爱因斯坦的弯曲时空图景。

因为引力是由时空曲率界定的，这意味着时空曲率也影响着时间的流逝及空间的形状。对于处在时空中的我们而言，这种效应表现为时间变慢，类似于当物体以接近光的速度移动时我们看到的情况。比起远离引力场源、处于时空中“较平坦”区域的时钟，在引力越强的地方，时钟走得越慢。

遗憾的是，对于那些喜用通俗的语言而非晦涩的数学来解释复杂思想的人来说，物理学家为描述时间在强引力的作用下如何以及为何变慢所做的大多数尝试，都没能正确解释这种现象，有些甚至根本没有解释。但我会尝试做到这一点。

根据狭义相对论，两个相对于彼此移动的人会测量到对方的时钟变慢。两个相隔一定距离的观测者之间也会产生相似的情况，而且其中一人——比如在地球表面的那个——会感受到更强的引力，而另一人则飘在外太空。两人对事件之间的时间间隔也会测得不一致的结果。如前所述，他们的时钟会以不同的速度运转：越深入地球的引力阱，时空弯曲越强烈，地球上观测者的时钟也就转得越慢。但是不同于狭义相对论，这里的情况不再是对称的，因为地球观测者会发现太空中的时钟走得更快：引力实实在在地减缓了时间的流逝。我们可以说，物体会“落”向大地，是因为它总是移动到时间流逝最慢的地方——它在试图更慢地变老。这不是很美妙吗？

引力对时间的作用就说到这里。但是空间又会怎么样呢？除了引力“导致空间弯曲”这种无甚帮助的话，广义相对论还告诉了我们什么？还记得亚里士多德和笛卡尔的主张吗，没有物质填充的独立空间并不存在？爱因斯坦还要更进一步。根据他的广义相对论，物质和能量会创造出引力场，时空不过是这个场的“结构性质”。要是时空之内没有“东西”，就没有引力场，因此也就没有空间或时间！

这听起来有点哲学味儿，我觉得甚至会有些物理学家对此反感。问题在一定程度上要归结于我们教授物理学的方法。我们往往先从狭义相对论和“平坦”时空开始（因为这比较容易教授，也因为爱因斯坦首先想到了这个），再进入到更难的广义相对论，在后一理论中，平坦时空中填充了物质与能量，于是弯曲。但其实，从概念上说我们应该反过来思考，从时空中的物质与能量开始。这样的话，狭义相对论只是某种理想近似，只有当引力相当微弱，时空可被视为“平坦”时，狭义相对论才有效。

我想阐释的这一点很是微妙，就连爱因斯坦本人在刚开始的时候也不能完全理解它的意涵——你也许能从中得到些慰藉吧。在完成广义相对论两年后，他写了一本名为《狭义与广义相对论浅说》的科普书（或者用他自己的话说是“册子”），首次是以德文于 1916 年出版。在他随后的 40 年人生里，随着他借助数学不断加深对宇宙的理解，他在这本册子里增加了数个附录。1954 年，即他去世的前一年，他写了第五个也是最后一个附录：一篇 20 多页的文章，包含了人类迄今为止最深刻的一些思想。

要理解爱因斯坦的思想，就必须理解物理学中“场”的概念。场的最简单定义是包含着某种形式能量或作用的空间区域，其中每个点都能被赋予一个值，用以描述场在该点的性质。想一想磁棒周围的磁场。磁极附近的场最强，而在空间中离磁棒越远，磁场就越弱。铁屑会排出磁场线的图案，这是它们对身处其中的磁场做出的反应。但我在这里想说的点显见到无须赘言：磁场需要空间才能存在。

与之形成强烈对比的，是爱因斯坦所描述的引力场，只要存在物质就会产生引力场，它不仅仅是在空间和时间之内有其作用的某个区域，它就是时空。在“小册子”附录五中，爱因斯坦详述了他在这点上的想法。在 1954 年版的新版序中，他写道：

> 时空不一定是人们可以视作独立存在，与物理现实中的真实物体无关的事物。物体不是在空间之中，而是空间性地延展着。“真空空间”概念因而失去了意义。

在附录五中，他继续解释道："如果我们想象一下引力场……被去除掉，这样就不再剩有类似的空间（即平坦的时空），而是绝对的虚无……[平坦时空] 从广义相对论的观点来判断，并非没有场的空间，而是一个特例……本身没有客观意义。没有真空空间这种东西，即没有无场空间。"他总结道："时空本身并不存在，只是场的一个结构性质。"在亚里士多德和笛卡尔思想的基础上，爱因斯坦把这个观点概括为"没有物质体就没有空间"，并证明了没有引力场就没有时空。

就像磁场，引力场是一个真实的物理事物，它能弯曲、延展和起伏。但它比电磁场更为根本：电磁场需要引力场才能存在，因为没有引力场就没有时空。

空间的膨胀

在进入下一章之前，我还要讲最后一点。当物理学家描述宇宙的膨胀时，很多人会把这个现象和时空弯曲混为一谈。如果时空是一个静态的巨大四维块状宇宙，那么物理学家说它在膨胀，是什么意思呢？包含时间在内的事物如何膨胀？毕竟，"膨胀"一词表示的是某事物会随时间而变化，但现在这个事物却包含时间！答案是，我们用望远镜观测到的空间膨胀，不包括时间坐标的延伸。并非时空在延伸，而只是空间的三维随着时间的推进而膨胀。虽然时空的各维度在某种意义上是平等的，时间只是四维中的一维，但我们可以用代数的方法变换广义相对论的等式（即以稍有不同的形式重新列出这些等式），这样所有的距离都会乘上一个“尺度系数”，这个系数会随时间的推进而增加，且只有空间在膨胀。

我们也要记住，这种膨胀只在星系**之间**的广大区域里才会发生，因为在星系之内，引力场会让星系自身聚在一起，引力场足够强大，能抵御整个宇宙的膨胀。如果说宇宙像正在烤箱里发酵鼓胀的面包，那么星系就像面包上的葡萄干。面包在膨胀，但葡萄干依然保持着相同的大小，只是彼此更为疏离。

就块状宇宙而言，可以想象我们的局部时空就处在位于一块“宇宙面包”之中。当我们沿时间轴从过去走向未来，一片接一片的面包片就不断变大。如果在时空之外，你会看到这块静态面包的各切片都在不断增大。但从我们困在面包之内（或说面包里的葡萄干之内）的视角来看，我们所见的只会是一连串不断变大的切片，因此我们在切片中穿梭时,看到的会是宇宙中的一点(比如一个遥远的星系)在不断离我们远去。

尽管有这么些深奥的概念，但我在本章中描述的关于时空的一切，才只出自现代物理学的三大支柱之一。根据相对论，空间是平滑连续的；但若是将物体拉近，不断放大，我们最终会来到现代物理学第二根支柱——量子力学——的领域，在这个领域中，一切都很模糊，受到概率和不确定性的左右。那么，在这些最微小的长度和最短的时间间隔中，空间和时间又都会经历什么?时空本身会变成小颗粒，就像放大到超出自身分辨率的图像的像素点吗?也许吧。我们马上就会谈这一点。

相对论中的块状宇宙也表明，我们可以把时间想象成静止不变的，过去、现在和未来同时存在，都是四维时空的一部分。但是物理学的第三根支柱热力学告诉我们，把时间仅当作“另一维”的观点是不充分的。热力学描述系统如何随时间而改变，不仅如此，它还赋予时间以方向性，这个属性是空间的三维所没有的。时间的方向性与我们自己对时间单向流动的感知无关，而是源自如我们记得过去、活于现在、预想未来这一事实——存在着一个支时间之箭，从过去指向未来，破坏了块状宇宙的精美对称。

但是我们现在还没准备好探究物理学的另外两根支柱。首先我们必须拿东西——物质和能量——填充时空。爱因斯坦告诉我们，物质、能量、空间和时间，彼此都是密不可分的，下一章我们就探讨这是什么意思。

04
能量与物质

广义相对论在数学上被概括为著名的爱因斯坦场方程（其实是一组方程，但可以用简洁形式写成一行）。但方程总是有两边，并用“=”号分开，时空的形状只是该方程的一半。我们现在来探究一下另一半。

爱因斯坦的方程表达了物质及能量是如何决定引力场，或说时空形状的。我们常说，他的场方程解释了物质与能量如何弯曲了时空，以及二者在弯曲时空中是如何表现的。关键是，正如物质与能量不能没有空间而存在，同样的，没有物质与能量也就不会有时空。因此让我们探究一下宇宙中的这些“东西”是什么。

能量

能量是那种我们所有人都觉得凭直觉就理解的概念。例如，人要是饿了、累了或者不舒服，就会说感到“能量不足”，而如果很健康，就会感到“能量充沛”，要去健身房锻炼。有时候，人们也会非常不科学地使用该词，像“我能感受到满屋子的正能量”，或者“你散发出很多负能量”。在物理学中，“能量”这个概念表示的是“做功的能力”：某物能量越大，它能做的功就越多，不管这个“做”是指把某物从一处移到另一处，把某物加热，还是只把能量储存起来以备后用。自从人们发现能量概念比“力”这个概念更有用后，它就被广泛地用于物理学，至今已有两个世纪。当然，“力”更为真切具体，因为我们能感受到各种力，但能量如果不是以热或者光的形式发出，我们并不总是能直接感觉到它。

能量的定义，即做功的能力，仍然把能量和力的概念联系在一起，因为物理中的“功”这个词，一般是指克服阻力移动某物的能力。例如，我需要能量来克服地上的摩擦力好推动一件沉重的家具，或者克服引力把某物举过头顶。类似地，一节电池要克服导体的电阻，经电路输出电流，也要消耗能量；蒸汽中的热能可以产生压力，为涡轮机提供动力，从而把热能转化为电能，电能又可以用来使机械做功或者再产生光和热。

能量有许多不同的表现形式：移动的物体有动能，引力场中的物体存有势能，热的物体由于其原子的运动而有热能。不过，这些固然全都正确，但都没有触及核心问题，即能量究竟是什么。

让我们从“能量守恒定律”开始。这个定律是说，宇宙中能量的总量是不变的。根据诺特定理，这是对时间对称性思想更为深层的理解——所有的物理定律都是“时间平移不变的”，这使得物理过程的总能量在时间中守恒。这带来了新的深刻见解，如预测新基本粒子的存在。能量守恒也告诉我们永动机不可能实现，因为能量无法凭空不断地变出来。

表面上看，你可能会认为这就是全部的道理了：虽然能量会从一种形式变成另一种形式，但一个系统（其实就是整个宇宙）中能量的总量是守恒的。可是，关于能量的性质，有一些更深层的东西我还没有提及。我们可以非常粗疏地把能量分为两类：有用的能量和无用的能量——这个区别对时间之箭有深远的影响。大家都知道我们需要能量使世界运转，供应我们的运输和工业，产生电力以供家庭照明、取暖、驱动电器，并为所有的电子设备供电。况且，维持生命本身也需要能量。

当然这不可能一直持续下去。那么，有一天我们会用尽有用的能量吗？把画面拉远，我们把整个宇宙想象成一个上了发条的机械钟，它会渐渐地越走越慢；但如果能量总是守恒，为什么会是这样的？为什么能量不能无限循环，虽然你总在变换形式，但它永远在那里呢？答案归结于简单的统计和概率，即所谓的热力学第二定律——但先别急，我会在第6章再讨论它。现在，我们把话题从能量转到物质。

物质与质量

一谈到物质的性质，我们就同时需要理解质量这个概念。在最基本的层面上，某物的质量就是对它所含“物质”量的一种衡量。在日常用语中，质量常常和重量是一个意思。这在地球上完全可行，因为两个量互成正比：在地球上，把一个物体的质量增加1倍，它的重量也会增加1倍。但在外太空，物体没有重量，尽管它的质量并没有变。

但是，甚至质量也不总是保持恒定的。一个物体移动得越快，它的质量增加得越多。这一点你在学校里不会学到，艾萨克·牛顿也会对此感到震惊。但根据爱因斯坦狭义相对论的阐释，这是时空性质的另一个结果。如果你纳闷，为什么我们在日常生活中看不到这点，那是因为我们一般遇不到以接近光的速度运动的物体；如果物体以近光速运动，这个效应就会变得很显著。例如，相对于某位观察者，一个物体以 87% 的光速运动，他会测得这个物体的质量是它没有运动时的 2 倍；如果这个物体以 99.5% 的光速运动，其质量就是“静止时”的 10 倍。但是最快的子弹也只能以光速的 0.0004% 飞行，这意味着我们一般不会体验到“相对论效应”，即运动物体的质量改变。

随着物体的速度显著接近光速，它的质量会增加，但这并不意味着它的大小或者所含的原子数也有增加，而是它获得了比你根据它“静止”质量所预期的更多的动量（于是更难停下来）。根据牛顿力学，一个物体的动量是其质量和速度的乘积，这意味着物体的动量和速度成正比——它的速度增加 1 倍，动量也会增加 1 倍。但牛顿力学没有说物体运动时质量也会增加。狭义相对论给了我们一个不同（也更正确）的动量"相对论"公式，动量不再和物体的速度成正比。实际上，物体在达到光速时，其动量会变得无限大。

这样我们就能较好地理解为什么没有东西能比光更快了（狭义相对论的另一个预测）。想一下让一个物体运动得更快所需的能量。在低速时，随着物体加速，这个能量会转化为动能（运动的能量）。但物体的运动速度越接近光速，就越难让它变得更快，输入更多的能量只会增加其质量。这个观点带来了物理学上最著名的方程：$E=mc^2$，这个方程把质量 m 和能量 E（以及光速 c 的平方）联系了起来，表明这两个量可以互相转换。某种意义上，质量可以被看作凝结的能量。因为光速的平方是个极大的数字，所以少量的质量就能转换成巨大的能量，或者反过来，大量的能量才能凝结成很少的质量。

因此，我们发现能量守恒定律可以更精确地概括为"质能守恒定律"：宇宙中能量与质量的总量是恒定不变的。这个概念在亚原子世界中表现得最为清晰且重要，在这里，$E=mc^2$ 让人们理解核裂变以及原子核能量的释放。半个世纪以来，也正是 $E=mc^2$ 成了建立加速器实验室的理论支撑，在这些实验室中，亚原子粒子束以越来越大的能量相互碰撞，以从碰撞的能量中创生新的物质——新的粒子。但什么样的物质粒子能从能量中创生出来，要遵循一定的规则，其中一些规则我们就在下一节讨论。

物质的构件

100 多年前，欧内斯特·卢瑟福在汉斯·盖革和欧内斯特·马斯登的帮助下，将 α 粒子 * 射向一片薄薄的金箔，观测有多少粒子通过了金箔，又有多少反弹了回来，由此第一次探测了原子的内部。从那时起，物理学家们便痴迷于不断深入地探究亚原子世界。他们第一次揭示了原子本身的结构——电子云包围着一个微小而致密的原子核。后来，他们探看了原子核的内部，发现它由更小的构件——质子和中子——组成。最终，他们进一步探索，揭示出藏在质子和中子内的基本夸克。为了说明

---

* 即氦原子核，而氦是仅次于氢的最轻元素。这种粒子由 4 个核子，即 2 个质子和 2 个中子组成。

亚原子世界的尺度，我们打个比方：如果把一个原子放大成一幢房子的大小，则夸克所在的一个质子或中子之内的容量，就只有一粒盐那么大。要知道原子本身已经超级微小了：一杯水能装下的原子，数量比分装全世界的海水要用的杯子还多。

在学校里，我们了解到电磁力的表现形式是电流或磁体的相互吸引或排斥，而在原子层面，它起着更为关键的作用。原子以各种组合方式结合在一起，形成简单的分子和复杂的化合物，并最终形成我们周围大量的、各种各样的物质。而原子如何结合在一起，取决于电子如何排列在原子核周围，这当然就是化学的本质。原子的这种构成世间万物的结合，几乎全是由于电子之间的电磁力作用。事实上，正是电磁力和引力一起，或直接或间接地形成了我们在自然界中体验到的几乎所有现象：在微观尺度上，物质通过原子间的电磁力结合在一起；在宇宙尺度上，引力把物质结合在一起。

原子核内部则是一个非常不同的世界。因为原子核是由两种粒子组成，带正电的质子和不带电的中子（合起来就叫原子核），质子之间的电磁斥力会使原子核分离，而引力在如此微小的尺度下太过微弱，起不到任何作用。然而原子核的各成分还是紧密地结合在了一起。这是由于另一种力起了胶水似的作用，把质子和中子粘在一起，甚至把质子和质子粘在一起，尽管它们的正电荷相互排斥。这个力叫“强核力”，它在质子和中子的更微小成分“夸克”之间尤其强烈;“胶子”是这种力的“载体粒子”，它们将多个夸克结合在一起。于是，夸克之间通过交换胶子相互吸引，而夸克和电子之间则交换光子，从而经由电磁力（因为两者都带电荷）相互作用。

因为支配原子核结构、形状和大小的量子规则非常复杂，我就不在此展开讨论了。反正，最终是带正电荷的质子之间的电磁斥力，和所有原子核之间相互吸引的核力（这个力本身是强核力——原子核内夸克之间的“胶子”吸引力——的残留），促成了原子核进而原子的稳定状态，以及包括我们在内的所有物质的稳定状态。

同时还有另外一种力,就是第四种亦即最后一种（已知的）自然力,它也几乎仅限于原子核内部。它就叫“弱核力”，在某些粒子之间交换 W 及 Z 玻色子（一如夸克互换胶子、电子互换光子那样）的过程中产生。就像强核力一样，弱核力也在很小的范围内才起作用，我们无法直接观测到它的影响。但是，我们对这个力所触发的物理过程非常熟悉，因为它促使质子和中子相互转换，而这又引起了β放射，即原子核中射出带电的粒子。β粒子有两类：电子，以及它的反物质同伴“正电子”——这种粒子和电子一样，只是带相反的电荷。β放射过程相当简单：如果一个原子核所包含的质子和中子数量不等，它就会变得不稳定，那么一个或多个质子或中子就会相互转变来恢复平衡，过程中会产生并射出一个电子或一个正电子（保证了电荷的守恒）。因此，一个原子核如果有太多中子，就会经历β衰变：一个中子变成一个质子，释放出一个电子，这个电子的负电荷会不负所望地抵消掉新生质子的正电荷（因为原来的中子没有电荷）。反过来，如果质子有多余，其中一个就容易转变成一个中子和一个正电子，后者带走了质子的正电荷，从而使原子核更稳定。

质子和中子各包含三个夸克，它们又分为两种类型（或叫“味”[flavour]），被冠以缺乏想象力的两个名称：“上（夸克）”和“下（夸克）”。这两味夸克带有不同量的电荷。一个质子含有两个上夸克和一个下夸克。上夸克带正电荷，每个上夸克带的电荷量相当于一个电子电荷的绝对值的2/3；下夸克带负电荷，每个下夸克带的负电荷相当于一个电子负电荷的1/3。这样，两个上夸克和一个下夸克合在一起，就形成一个正电荷，正是一个质子所带的电荷。另一方面，中子由两个下夸克和一个上夸克组成，所以总电荷为零。

夸克共有6味，每种都有不同的质量。除了组成原子核的上下夸克，另外4种叫“奇”“魅”“顶”“底”——所有这些名字都是任意挑选而来的。这些夸克比“上”夸克和“下”夸克重，但仅存在一刹那时间。最后，除了电荷，夸克还有另一种名为“色荷”的性质，这与强核力有关，而且有助于解释夸克之间的相互作用方式。*

电子则属于另一类名为“轻子”的粒子，轻子同样也有6种，除电子外，还有缈子（μ子）、陶子（τ子）——这是电子的两个短命兄弟，质量比电子大——以及三种中微子（在β衰变中形成的轻到几乎无法探测的粒子）。轻子感受不到强核力，也不带色荷。

总之，根据我们目前的理解，粒子物理学标准模型

---

* 夸克可以三个一组组成一个原子核，也可以成对出现（严格说是夸克和反夸克）组成另一类粒子：“介子”。我们仍不能确定夸克是否能组合形成更奇特的复合粒子，如所谓的四夸克态（由两个夸克和两个反夸克组成）或五夸克态（由四个夸克和一个反夸克组成）。

告诉我们一共有两类粒子：物质粒子（费米子），包括6味夸克和6种轻子；载力粒子（玻色子），包括光子、胶子、W及Z玻色子，当然还有希格斯玻色子，最后这一种我会在后面讨论。

如果所有这些听起来过于复杂，那么当你听说，就大部分实际目的而言确实无须如此复杂时，你应该会释然。你见到的一切，所有组成我们的世界和我们身体的物质，以及我们在太空中见到的一切，比如日月星辰，皆由原子组成，而所有的原子又只是由两种粒子组成：夸克和轻子。实际上，所有原子物质只由前两味夸克（上、下夸克）加上一种轻子（电子）组成。当然你可能会惊讶地发现最普遍的物质粒子是中微子。

物质与能量简史

那么，所有这些物质，一开始是怎么形成的，又是何时形成的呢？要理解这一点，我们要把考察的镜头重新拉远，在最大的尺度上探索宇宙。

近百年来，人们已经知道我们所在的宇宙一直在膨胀。天文学家已经观测到，遥远星系的光会向电磁波谱的红端延伸（或叫“红移”），表明这些星系正在离我们远去。实际上，星系离得越远，其中的光的红移就越明显，因而它们必然移动得更快。但是，看到星系在各个方向上离去，不意味着我们占据了宇宙中心这个特殊位置，而是意味着所有的星系都在远离彼此而去，因为它们之间的空间正在拉大。要注意，这种膨胀不适用于星系团内部，就比如我们的“本星系群”——银河系、仙女星系和少数较小的星系——这些星系彼此靠得够近，足以被引力束缚，从而能抵御空间的膨胀。

你可能会问，宇宙的膨胀，与物质及能量的起源有什么关系？宇宙膨胀是关于大爆炸理论最令人信服的证据之一——大爆炸发生在138.2亿年以前，当时我们的宇宙在一种极其高温高密度的状态下诞生。简言之，如果我们所见的宇宙正在膨胀，星系都在彼此远离，那么所有的一切在过去一定都靠得更近。如果我们回到遥远的过去，所有的物质，连同包含它们的空间，在某个时间点上，一定是挤压在一起的。因此，在宇宙中，没有哪个地方我们可以去插上一面旗子说，大爆炸就发生在那里；大爆炸发生在全宇宙中。索性再让你更困惑一些：如果宇宙现在是无限大的（很可能是这样），那么它有可能在大爆炸时本来就已经是无限大了（因为你无法让一个东西从有限大膨胀到无限大，除非你有无限的时间去这样做！）。大爆炸发生在本已无限的全部空间内，而不是在空间中的某个“地方”，这是一个要理解的重要概念。

一个最新的、概念上更符合逻辑的观点是，我们所说的大爆炸，只是一个“局部”事件。它只是创造了我们能看到的可见宇宙，而整个无限宇宙包含了我们无法看到的其他遥远区域，它们有自己的大爆炸。这是解释“多重宇宙”观的一种方式，我将在第 8 章论及这一点。

还有大量其他证据能支持大爆炸理论，如轻元素的“相对丰度”。我们在宇宙中见到的所有物质，其质量的 3/4 是以氢的形式，1/4 以氦（第二轻的元素）的形式存在的。* 所有其他元素只有一点点，其中大多数是在大爆炸很久以后在恒星中产生的。大爆炸理论预测了氢和氦在宇宙中的主导地位，这也正是我们所观测到的。好在我们无须穿梭宇宙来确定这种组成。我们凭借望远镜观测到的光，本身就携带着遥远原子的特征，这些光或是

---

* 注意我在这里用了“质量”一词。就宇宙中的原子数来说，氢原子占约 92%，氦原子只占 8%（因为氦原子的质量是氢原子的 4 倍）。

由这些原子产生，或是在它们到达地球的旅途中经过了这些原子。我们仅是研究从太空中抵达我们这里的光，就能了解宇宙的成分，这是科学中最美妙的观念之一。

支持大爆炸理论的另一个证据是所谓的“宇宙微波背景辐射”，这种发现于 1964 年的辐射，最终无可置疑地确证了大爆炸理论。这种充满整个宇宙的古老光线起源于大爆炸不久之后、宇宙史中名为“复合时期”的时段，当时中性的原子首先形成。这个时代发生在大爆炸之后 37 万 8 千年，那时空间已经膨胀和冷却了好一阵，足够使带正电荷的质子和 α 粒子捕捉到电子，进而形成氢原子和氦原子。在此之前，电子能量太大，无法附着于质子和 α 粒子形成中性的原子，于是光子无法非常自由地穿行，而不与这些带电粒子碰撞并相互作用。所以，那时的整个太空应该都呈现出一片雾蒙蒙的光芒。而一旦宇宙冷却到足以让原子形成时，空间就变得透明，这些光子也得到了解放。从那时起，这道光就一直向宇宙的所有方向传播。

随着空间的膨胀，这第一束光也在一直丢失能量，但不会减慢速度，因为光总是以恒定的速度传播。不过，光的波长会随着它所穿越的空间的膨胀而被拉长，所以在今天，亦即数十亿年之后，它的存在形式不再是可见光，而是微波。天文学家测量了这种微波辐射，发现它对应的深空温度仅高于绝对零度不到3度，这个值符合大爆炸理论的预测——既然叫预测，就是在测量之前做出的。

但是让我们回到我们的宇宙史更早的时间、远远早于原子形成的那个时间。它一开始是一个极度炽热的能量泡，但在万亿分之一秒内就变得足够冷却，于是，一些亚原子粒子，即夸克和胶子形成——它们是随着空间的膨胀从这股能量中冷凝出来的。刚开始这些粒子能量非常大，在一种叫“夸克—胶子浆”的物质中肆意蹿突，温度达到数万亿摄氏度。然后，当宇宙过了仅百万分之一秒以后，夸克和胶子就开始聚成一团，形成质子和中子（以及其他更重的粒子）。在最初的几秒钟内，物质经历了多个演变阶段，多种粒子形成复又消失。正是在这里，我们遇到了物理学中最大的未解难题之一：失踪的反物质之谜。

1928年，保罗·狄拉克预测了反物质的存在，几年后，卡尔·安德森在宇宙射线中发现了它们：来自太空的高能粒子在地球的高层大气中主要与氧分子和氮分子碰撞，产生了一波次级粒子，其中就有正电子——电子的反粒子。我们现在知道，所有基本的物质粒子（费米子）都有镜像式的反物质同伴。* 一个电子和一个正电子接触后会使彼此“湮灭”，二者的质量合并，通过质能方程 $E=mc^2$ 转换为纯粹的能量。

同时，在最小的尺度上，这种湮灭的反向过程也在持续地发生着。如果能放大量子世界，我们就会看到粒子和它们的反粒子在物质和能量的不断转换中出现又消失。这样，一个不过是一小团电磁能的光子，就能在名为“成对产生”（pair creation）的过程中转换成一个电子和一个正电子。但是在早期高密度的宇宙中，在粒子和反粒子出现又消失之时，出于某种原因，物质对反物质形成了优势——我们正存在于这个世界上，这就足以证明情况一定是这样。“失踪的反物质”发生了什么还有待我们去了解，但值得庆幸的是，反物质的失踪带来了我们今天能看到的极其丰富的物质。

大爆炸几分钟后，条件就适合于质子（氢原子核）

---

* 而另一类粒子“载力粒子”（又称“玻色子”），比如光子，严格说就没有反粒子。

聚变形成氦-5原子*，以及极少量的第三种元素，锂。但随着宇宙进一步膨胀，温度和压力会降到较轻原子核聚变为较重原子核的阈值以下——要发生核聚变，各原子核就必须有足够的能量来克服彼此间的正电荷斥力，而物质的密度和温度一旦低于某个阈值，这种情况就不会再发生。

再过一会儿，复合时期结束，原子就开始在引力的影响下相互结合（这里我对暗物质所起的重要作用暂不展开，而会在第8章做更多介绍），并开始形成原始气体云，即“原星系”，它们内部密度更高的一个个气团，会被引力更剧烈地挤压到一起，直到它们变得足够热，让核聚变过程再次启动。恒星点燃了，恒星内部发生的热核反应制造出新的元素：碳、氧、氮及许多其他在地球上找得到的元素。

宇宙中许多初代恒星已经不复存在，因为它们可能很久以前就变成超新星爆炸了，同时将内含的大量元素喷入太空，只留下以中子星或黑洞形式存在的压缩物质。而重元素，即在元素周期表中排在铁以后的元素，只有

* 严格说，这里面有好几步，包括质子变成中子的β衰变。

在剧烈的事件，如新星爆发、超新星爆发及中子星并合中才会产生。恒星内部温度越高，条件越极端，核合成的过程就进行得越深入，能够形成的元素就越重，如银、金、铅、铀等。这是因为，恒星要在生命最后的激烈时刻，内部才能达到所需的温度和密度来形成更重的元素，这时它们被紧密地压缩，同时剧烈地抛撒其外层物质。

恒星爆炸喷射出来的物质和星际气体混合，这些气体又可以重新聚集在一起，形成新一代恒星。我们在地球上能找到这些重元素，说明我们的太阳（至少）是一颗第二代恒星。这就是为什么你可能听说过我们真的都是由星尘构成的，因为我们体内的许多原子其实都形成于恒星内部。

我希望大家现在能明白一些物质在宇宙中的形成过程，还有物质与能量以及空间和时间的密切关系了。现在，我们即将进入微观世界，一个无法用广义相对论来描述的极小世界。现在，是探索物理学第二根支柱——量子力学——的时候了。

05 量子世界

1799 年，伦敦的皇家学会会长约瑟夫·班克斯成立了一家新机构，“大不列颠皇家研究院”，旨在引进“有用的机械发明和改进”以及“给［大众］开设哲学讲座和实验课程”。从那时起，皇家研究院（如今被普遍称为 Ri）就一直持续开展公共讲座和活动，包括迈克尔·法拉第本人于 1826 年创办的“周五夜谈”（Friday Evening Discourses）——这是在法拉第讲堂里举行的公开讲座，自创办以来，一直是 Ri 的项目中不可或缺的部分。我曾有幸在那里做过两次讲座，第二次是在 2013 年，当时讲的就是本章的主题：量子力学。

量子力学当然应该被看作人类想出来的最具吸引力、同时也最令人受挫和绞尽脑汁的科学理论。在皇家研究院的演讲中，我特别有一段谈到了著名的“双缝实验”，这个实验展示了美国物理学家理查德·费曼所谓的“量子力学的核心奥秘”。我先是概述了双缝实验的惊人结果：亚原子粒子一个一个地射出，穿过一块屏上的两条窄缝；它们会好像每一个都是同时穿过两条缝隙的，并在后面一块屏上形成一个干涉图样。然后，我向听众发出了挑战：如果谁能提出一个基于“常识”的描述，解释这是如何可能的，请一定联系我，因为你们毫无疑问会获得诺贝尔奖。

我把这当作一个轻松的笑话来讲——尽管进行了几十年的争论和千百种巧妙的检验，但我确信还没有人为这一经典的实验结果找到什么简单的解释，这让物理学家很不情愿地承认：无论如何，也不会有一种常识性的解释了。这就是物质在量子世界中的行为方式，而我们只能接受它。我在那个周五晚上试探性地发出挑战时，还以为只是对着皇家研究院的数百位听众做演讲，但Ri其实会把它的许多教学资料放到网上，这其中也包括了我的讲座；从那以后，我就从业余科学家那里收了上百封邮件，他们都声称解决了这个核心性的量子谜团，并认为物理学家也许忘了考虑某个机制或细节。

我坦白，我一度还会回应，但现在是不会再回了。因此，请让我对自己没有回应的那些人做些补偿，因为他们仍然在思考量子力学，在描述其中一些最重要的而且不是凭直觉就能感知的特征。在本章中，我们来简要了解一下，现代物理学这第二根支柱关于微观宇宙都告诉了我们什么。我致力于量子力学的研究和应用已近 40 年，起初在核物理学领域，最近在分子生物学领域，所以听我说量子力学是所有科学中最强大、最重要的理论时，你们应该不会感到惊讶——毕竟它是大部分物理学和化学得以建立的基础，而且彻底变革了我们对世界如何由最微小的构件组成的理解。

量子力学入门

19 世纪末，物理学的状态似乎是圆满的。当时的物理学中已经诞生了牛顿力学、电磁学和热力学（我会在第 6 章聊热力学），而且这三个领域一同成功描写了所有日常大小的事物的运动和表现，以及我们身边的几乎所有现象：从炮弹到时钟，从风暴到蒸汽火车，从磁石到发动机，从钟摆到行星。对所有这些事物的研究统称为

“经典物理学”，它至今还是中学教学的主要内容。不过，尽管经典物理学依然很不错，但它不是物理学的全部。当物理学家把注意力转向物质的微观成分，即原子和分子时，他们就发现，已知的物理学知识无法解释新发现的现象，他们所用的定律和方程似乎不再有效了。物理学即将经历一场翻天覆地的范式转换。

第一项重大理论突破——“量子”的概念——是由德国物理学家马克斯·普朗克取得的。在 1900 年 12 月的一次授课中，他提出了一个革命性的观点：热的物体辐射出的热与其原子的振动频率有关，因此这种热辐射是“块状的”而非连续的，会像不连续的能量块那样发出，它们就是所谓的“量子”。没过几年，爱因斯坦就提出，不只是普朗克说的辐射，而是包括光在内的所有电磁辐射，都是以这种块状的、不连续的量子形式发出的。我们今天把单个的光量子，即光能的一个粒子，称作光子。

爱因斯坦提出，光在本质上是量子，这个提议可不仅仅是出自直觉预感。它解释了当时最大的科学难题之一，即“光电效应”——光照射到金属表面时能把电子从金属原子中击出的现象。如果光是波，这个效应就无法解释，因为假如那样的话，增加光的强度（亮度）就意味着增加它的能量，则我们会预期从金属中击出的电子要飞得更快。但这些电子并没有飞得更快，只是数量更多了。但如果光是如爱因斯坦所说的那样，其能量是和频率而非强度成正比，那么提高它的频率（例如从可见光到紫外线）就会使被击出的电子带有更多的能量；相反，在保持频率（颜色）不变的情况下，增加光的亮度，仅意味着会产生更多的光子，从而击出更多的电子。这正是我们在实验中看到的，爱因斯坦的解释与此完全吻合。

但从过去直到现在，仍然有大量相反的证据显示光的构成是波而非粒子流。那么光到底是哪一种呢，是波还是粒子？可惜，答案狠狠地违反了我们的直觉和常识：两种特性它都能表现，取决于我们如何观察它、设计何种实验来探测它。

而且不止光有这种精神分裂似的性质。物质粒子，如电子，也能表现出波动性。这个一般性的概念得到检验和证实已有近百年，称作“波粒二象性”，是量子力学的核心思想之一。这不是说电子同时是粒子和波，而是说，我们如果设置实验来测试电子的“粒子性”，会发现它们确实表现得像粒子；但如果设置另外的实验来测试电子是否具有波动性（如衍射、折射、波的干涉等），又会看到它们表现得像波。但我们无法做实验让电子同时展现波和粒子的性质。在此绝对有必要强调一下，量子力学虽然正确地预测了这些实验的结果，却没有告诉我们电子到底是什么，只是表达了我们在做某些实验探测电子时，会看到什么情况。这种情况没有再让物理学家恼怒、抓狂，仅仅是因为我们已经学会了接受这个事实。我们能同时了解电子的多少粒子性（粒子在空间中的位置）和多少波动性（传播速度），其间的平衡取决于“海森堡不确定性原理”——我们说它是整个科学中最重要的思想之一，也是量子力学的基石。

不确定性原理限制了我们能观测的东西，但是许多人，甚至物理学家，往往误解了这个原理的意思。当然你会在物理课本上看到，量子力学在形式上并没有宣称电子不能同时有确定的位置和确定的速度，只是我们无法同时知道这两个量。一个相关的普遍误解是说人在量子力学中一定起了关键作用：我们的意识能影响量子世界，甚至是我们的测量才令它存在。这当然是胡说八道。从我们的宇宙，直到量子尺度的基本构件，早在地球出现生命之前就已经存在，它们不是处于某种模糊的生灭边缘，等着我们去发现、测量它从而令它们成真。

到 20 世纪 20 年代中期，物理学家开始意识到，量子化的概念适用的范围，比光的“块状性”或物质的“波动性”更广。一旦把考察的镜头推近到亚原子层面，许多我们惯常认为是连续的物理性质就并不连续了（是数字的而非模拟的）。例如，束缚在原子内的电子就是“量子化”的，因为它们的能量只能有特定的值，而不可能处于这些离散的值之间。如果没有这个性质，电子在绕原子核公转时*会不断地泄漏能量，这就意味着原子不会是稳定的，进而包括生命在内的复杂物质也无法存在。按 19 世纪的（前量子）电磁学理论，带负电荷的电子应该螺旋地落向带正电荷的原子核。是它们量子化的能态阻止了这种情况的发生。某些量子规则也明确了电子能够具有哪些能态，以及它们在原子之内如何分布。由此，量子力学的规则决定了原子怎样才能结合成分子，从而使量子力学成为整个化学的基础。

电子能通过释放或吸收一定量的能量在不同能态间

---

* “绕……公转”这个措辞其实是错的，因为原子不是微型太阳系，电子也不是像绕太阳运转的微小行星那样的定域粒子。

跃迁。电子可以释放一个量子的电磁能（一个光子）从而降至次一级能态，而放出的能量正好是两个能态的能量差值。同样，它们也能在吸收一光子的能量后跃升至较高能态。

因此，原子级乃至更小尺度的亚微观世界，和我们熟悉的日常世界表现得迥然不同。我们在描述像钟摆、网球、自行车或行星等物体的动力学特征时，处理的系统是由许多万亿的原子组成的，这和飘忽不定的量子领域相去甚远。面对日常世界时，我们可以运用经典力学、牛顿的运动方程来研究这些物体的行为方式，得出的结论是一个物体精确的位置、能量或者运动状态，在任一给定时刻，所有这些量都是同时可知的。

但我们如果想研究量子尺度的事物，就必须放弃牛顿力学，而采用全然不同的量子力学的数学。一般而言，我们可以通过解薛定谔方程来计算所谓的波函数的值，这个函数描述的不是单个粒子沿着确定路线的运动，而是这个粒子的“量子态”随时间的演变。波函数能描述单个粒子或一群粒子的状态，如果我们要测量一个电子的性质，这个函数就能给出一个值，让我们知道该电子具有某一组给定性质或空间位置的概率是多少。

波函数在空间中不止一个点有数值，这个情况常被错误地理解为，如果我们不去测量电子，那么电子本身就真是分散在空间中的。但量子力学没有告诉我们，不被我们观察的电子是如何表现的，而只说了，我们如果确实去观察，可以期待看到什么情况。如果这个说法不能让你安心，那也不是你一个人的困扰。这不是想让你安心（或者在这件事上让你泄气），而仅仅是要说明，在量子力学的意义方面，所有物理学家都同意怎样的说法。

除此之外，还有一大堆不同的方式来解释量子世界的性质，即所谓的各种量子力学“诠释”。自量子力学出现以来，这许多观点的拥护者之间就一直有激烈的争论，且没有减弱的迹象。

这一切意味着什么?

尽管量子力学取得了巨大的成功，但如果稍微挖掘得深入一点，看看量子力学关于微观世界到底告诉了我们什么，我们就很容易精神失常。我们会不禁自问：“怎么会这样？我是有什么东西没‘理解’吗？”答案没有人真正地确知，甚至没人知道是否还有更多的东西要“理解”。物理学家往往用如“稀奇”“怪异”“反直觉”这样的词来描述量子世界。因为，尽管这个理论极其精确且符合数学的逻辑，但它的数字、符号和预测力只是表象，而我们发现隐藏在它背后的真实世界很难和我们日常世界中的常识性观点相调和。

然而，有一种方法可以摆脱这种困境。既然量子力学如此出色地描述了亚原子世界，并且是建立在如此完整和强大的数学框架之上，那么我们索性只学习如何运用它的规则来对世界进行预测，通过驾驭它来开发出依托其规则的科技，而把那些令人摇头的棘手问题留给哲学家就好了。毕竟，要是没有量子力学的发展，我们就无法开创现代电子学，我现在正用着的这台笔记本电脑也就不会存在。但如果采取这种实用主义的态度，我们就必须承认自己不过是量子“力学”的施行者、技术员，我们不关心量子世界如何以及为何以这种方式运行，而只是接受这样的现实，再继续前行。但我的每一根神经都告诉我，这对一个物理学家来说是不够的。物理学的工作难道不包括**描述**世界吗？如果不对量子力学的方程和符号做出解释，它就仅仅是一个数学框架，只能让我们用来计算并预测实验结果。这可不够。物理学应该要解释：关于这个世界是怎样的，实验结果到底告诉了我们什么。

可很多物理学家不赞成这种说法，这种遗憾可以追溯到科学史上最伟大的思想家之一，量子力学之父，尼尔斯·玻尔。他的影响力太大了，以至于我在写作本章时感到了一丝内疚：我背叛了我最崇敬的英雄之一。但我必须诚实面对自己的信念。毫无疑问，玻尔的各种哲学观点塑造了好几代物理学家思考量子力学的方式，但是越来越多的人认为，它们也阻碍和扼杀了进步。玻尔认为，物理学的任务不在于找出大自然是怎样的，或者说去了解“现象背后真正的本质”，而只该关注人类关于大自然能说什么，即“人类经验的方方面面”。前者是本体论的，后者是认识论的，但这两种截然相反的观点其实可以都正确：即便是在量子层面，物理学家关于自然所能说的，也应该就是自然本身是怎样的，或者前者至少要尽可能地、不断地接近后者。这种“实在论”终究是我一直支持的观点，尽管我时不时地也对此产生严重的怀疑。

而在天平的另一端，如果我们过分强调量子力学的怪异，而不关注它作为一种科学理论的力量所在和成功之处，那就会埋下一种危险。因为过分强调它的怪异，会引起江湖骗子们的注意，就像亮光会吸引飞蛾那般。量子力学中那些着实无法解释的预测，比如“纠缠”，即空间上相互分离的粒子瞬间连接在一起，多年来为各种伪科学的胡说八道——从心灵感应到顺势疗法——提供了沃土。好几代物理学家所受的训练都是要遵循玻尔的实用主义教条，即量子力学的“哥本哈根诠释”，以玻尔所在的著名理论物理研究所所在的城市命名，量子力学的许多早期数学基础都是该研究所在 20 世纪 20 年代中期奠定的。这种情况，部分是为了避免那种哲学思考泛滥成为某种“灵性胡扯”。

像一代代的物理学生一样，我学习量子力学也是从了解它的历史渊源和普朗克、爱因斯坦、玻尔及其他人所做的工作开始的。但我的学习迅速进入到了运用该理论所必需的数学技巧（工具）上。除了数学，我学了一大堆以量子力学元勋之名命名的概念：玻恩定则、薛定谔方程、海森堡不确定性原理、泡利不相容原理、狄拉克符号、费曼图……这份清单还很长。要弄懂量子世界，这一切就都必须了解，尽管如此，所有这些伟大的物理学家之间争论和哲学论辩我都没在大学里学过，而这些争论贯穿了他们的一生，且大部分至今仍未解决。

量子力学诠释的许多难点，围绕的都是所谓的“测量问题”：当我们测量时，如何把焦点对准这个转瞬即逝的量子世界？在量子世界和经典世界之间，即在事物的性质没有清晰界定而只能依赖于测量仪器的世界，和我们对所测所见有万分把握的世界之间，哪里才是边界？上述元勋中的许多人，如尼尔斯·玻尔、维尔纳·海森堡、沃尔夫冈·泡利等，都认为操心这些问题毫无意义，并提倡遵循我前面讲过的哥本哈根派原则。他们很乐意把世界分为量子行为的世界和经典行为的世界两部分，而不纠结于在测量时一个世界怎么转变成的另一个。对他们来说，量子力学只要有效，那就够了。但这种实证主义态度会妨碍科学的进步。它虽然有可能帮我们更好地理解某些现象，甚至开发出新科技，但不能帮我们真正**理解**量子世界。*

科学史上充斥着这种态度的例子，其中最明显的一个来自古代宇宙论。两千年来，从古代一直到现代科学

* 当然，我的哥本哈根派同行在此会极力反对我的观点。他们会争辩说，关于量子力学能告诉我们什么、不能告诉我们什么，所有需要理解的东西他们全都理解了，而正是实在论者拒绝接受或理解这一点。

诞生，人们普遍接受地心说宇宙模型，使之几乎成为普世的权威观点：地球在宇宙的中心，太阳以及其他行星和恒星都围绕着我们转动。如果回到那时，实证主义者应该会主张，既然这个模型能很好地预测天体运动，那就没必要另寻解释来说明天体如何以及为何以我们看到的方式满天运行。虽然哥白尼日心说模型才正确，而且简洁得多，但在解释天文观测上，地心说模型确实一度更为精确。但“仅仅因为一个理论奏效”就以一种特殊的方式解释它，是智力上的懒惰，当然也不符合物理学应该秉持的求真精神。这对量子力学来说也同样正确。著名的量子物理学家约翰·贝尔曾说过：物理学的目标是理解世界，“把量子力学仅仅限制于琐碎的实验操作，是对其伟大抱负的背叛”。

可惜的是，即使在今天，太多物理学家也还是没有理解这一点——不过这是另一个论据，说明为什么哲学不是无意义的苦思冥想，而是能有助于科学进步的。如果在量子物理学家（至少是关心这些事的那些人）中开展一次民意调查，你会发现有很大一部分人仍然采用实用主义的哥本哈根派观点，尽管人数正在逐渐减少。但是越来越多的科学家认为这是对物理学角色的放弃，于是转而另觅其他解释，包括听着很怪的一些想法，如“多世界诠释”“隐变量诠释”“动态坍缩诠释”“一致性历史诠释”“关系性诠释”等，还有不少别的我没有列出。没人知道，这些在量子尺度上描述现实状况的方式中，哪一种是正确的（如果有的话）。它们都言之有理，迄今为止都对实验和观测结果做出了同样的预测*，也都是基于同样的数学框架形成的。有时候，不同诠释的倡导者会武断地为自己支持的说法辩护，他们对自己偏爱的诠释有种近乎宗教般的信仰，这可不是科学取得进展的方式。

然而，试图理解量子世界的努力也确实正在慢慢取得进展。实验技术正变得越发精微，有些诠释很快会被排除。希望有朝一日，我们会真的明白大自然是如何表演她的量子戏法的。这在你看来可行吗？反正有很多物理学家会不同意。实证主义者会认为，科学只不过是预测实验结果的工具，那些对量子力学的数学解读过多的科学家，与其操心量子力学能对现实做出何种揭示，倒不如去研究哲学。平心而论，并非所有提倡对现实持这

* 虽然一些实在论诠释，如自发坍缩模型，确实做了一些别家没有做的预测，因此原则上是可以检验的。

种实证主义哥本哈根学派观点的科学家，对于深入挖掘的尝试都不屑一顾。在 21 世纪初，出现了一种新的反实在论诠释，名为“量子贝叶斯理论”（或称 QBism），该诠释的支持者把现实看作全然主观的，只取决于个人经验。批评者甚至把该理论与“唯我论”相提并论。

选择哪种量子力学诠释，不应该只是哲学趣味的问题。这些诠释对世界都做出了相同的预测，但这并不等于说它们都等价，或者我们可以随意选一个自己最喜欢的。用物理学来解释现实的某个方面，是一个两步走的过程。首先，我们要在数学层面找到理论，当然它可能正确也可能不正确。但如果我们认为它正确，就像爱因斯坦广义相对论的场方程或者薛定谔的量子力学方程那样，那么我们下面就需要有办法来诠释它，或者说解释该数学理论是什么意思。这些就是我们要附加在数学上的现实性解释。没有这些的话，无论这些符号和方程多么优美，我们也无法把它们与我们观测到的物理宇宙联系起来。我们要找到正确的数学理论，也要找到正确的现实性解释。

量子力学的不同诠释给现实描绘了迥然不同的图景：要么有平行宇宙（多世界诠释），要么有物理非定域量子场（导航波隐变量诠释）。大自然是不在乎我们关于如何正确诠释量子力学的琐碎争吵的——它自行其是，且独立于我们的感知而存在。如果我们对于量子世界如何运行无法达成一致意见，那是我们的问题。爱因斯坦就是这么认为的。他也是一位实在论者。他认为物理学应该描述真实的世界是怎样的，如果有好几种描述都适合量子力学的数学，那么我们就不应满足于此。我觉得在这一点上我和他是同道中人。

纠缠、测量和退相干

即便如此，就连爱因斯坦偶尔也会出错。量子力学最深奥、最费解的预测之一就是“纠缠”的概念。在量子世界中，两个或两个以上的粒子能以近乎违反逻辑的方式瞬间跨越空间连接在一起。严格说，这个叫“非定域性”,可以概括为“这里”发生的事可以即刻和“那里”发生的事相互影响。我们说这两个粒子是由同样的“量子态”，即同样的波函数所描述的。爱因斯坦对非定域性和纠缠总是感到不舒服，把它嘲讽为“鬼魅超距作用”，并且拒绝接受任何亚原子粒子之间的通信能超光速地穿越空间，因为这违反了狭义相对论。但是原则上讲，两个粒子就算处于宇宙两端，也能通过这种方式连接起来。量子研究的先辈们揭示出纠缠，是自然而然地从他们的方程中得出的，而在20世纪七八十年代进行的实验，也确证了爱因斯坦在这一点上是错的：我们现在已经经验性地知道，量子粒子的确能在一瞬间实现远程连接。我们的宇宙确实是非定域性的。

如今，像在量子光学、量子信息论甚至量子引力论等领域的许多研究者都发现，“纠缠”与“测量”这一量子力学核心问题之间存在着深刻的联系。我们必须首先承认，一个量子系统（如一个原子）实际上是它周围世界的一部分，因此严格地说，把它孤立起来考察是不正确的。相反，我们必须把其周围环境的影响纳入考量。这种“开放的量子系统”给我们带来了更为复杂的问题，但同时也让我们更多地理解了针对量子系统进行测量的意义，超出了玻尔所说的，量子模糊性一经人类观察就会在现实中确定下来，这只是一种描述方式，“一种不可逆的放大行为”。

事实上，现在我们已经清楚，量子系统（如一个原子）的周围环境，能自己进行“测量”，而不需要有意识的观察者。我们可以认为，原子随着和周围环境越发纠缠在一起，其“量子性”会泄漏到环境中，就像温热的物体散发热量那样。这种短暂量子行为的泄漏叫“退相干”，属于目前很活跃的研究领域。量子系统和环境间的耦合越强烈，这个系统就变得越纠缠，其量子行为消失得也越快。

这个过程是否充分解释了测量问题，在某些方面还有争议。如何解决测量问题，又如何为量子世界和广大的经典世界划界，这些棘手的问题最早是由埃尔温·薛定谔在20世纪30年代中期提出的，当时他提出了一个著名的思想实验。尽管薛定谔是该领域的先驱者和奠基人之一，他还是试图强调自己对量子力学之意义的疑虑。他问道，如果把一只猫关在一个有放射性物质及一瓶致命毒药的箱子里，会发生什么？箱子一直是关着的，我们无法确定放射性物质是否发出了一个粒子，触发了释放毒药的机关并杀死了那只猫。我们所能做的，不过是得出两种可能结果的概率：我们打开箱子时，要么粒子已经放射出来，猫死了；要么粒子没有被放射出来，猫还活着。但根据量子力学的规则，只要箱子一直关着，亚原子粒子遵循的就是量子世界的法则，我们也就必须把这个粒子看作是处于一种同时被放射又没有被放射的“量子叠加态”中。

而现在在关着的箱子里，猫的命运取决于这个量子事件。薛定谔认为，既然猫本身也是由数万亿计的原子组成，每个原子都是量子实体，那么它也应该处于量子叠加态，即一种既死又活的状态之中。但打开箱子时，我们只会看到一种确定的结果，即猫要么死了，要么活着，绝不会处于一种悬在鬼门关的状态。

解决这个问题的一个合理方法，是假设这种量子叠加态会消散、退相干到周围环境中，因此当我们考察猫这样的复杂宏观物体时，叠加态不会保持很久——复杂宏观物体绝不会同时处于两种态，甚至在我们开箱查看前也不会。实际上，虽然一个孤立的放射性原子在被观察之前必须被描述为处于衰变和未衰变的叠加态中，但由空气、盖革计数器和猫组成的复杂环境包围着这个原子，它会迅速地和所有这一切纠缠起来，于是两态共存的情况无法存留。

那么，这个问题解决了吗？在开箱前，猫是死还是活这两种可能情况，是否只反映了我们对其命运的无知？若非如此，那么就算开了箱，我们还是会对正在发生的物理过程感到迷惑不解：我们没有看到的那种情况中发生了什么呢？量子力学多世界诠释的信奉者认为对此有一种简洁又干脆的解释：他们认为这时候有两个平行的现实，每种现实实现一种可能情况，开箱时所发现的情况反映的是我们处在哪一种现实之中。

其他物理学家不打算接受这种存在无限数量的平行现实的想法，于是提出了一系列其他诠释，这些诠释都认为在未进行测量的情况下，客观现实依然必须存在，但它们全都包含着某个在现实中被隐藏起来的奇怪方面。例如，量子理论的另一种诠释首先由法国物理学家路易·德布罗意在1920年提出，几十年后又由戴维·玻姆改进。根据该诠释，构成量子世界的，是波所引导的粒子，它们的性质不为我们所知（称作“隐变量”），但其描述出的量子世界，没有任何标准哥本哈根派现实图景的模糊性。并不是一个电子根据我们如何测量它从而展示出波动性或粒子性，而是波和粒子都存在，但我们探测的只有粒子。一个由全世界物理学家组成的规模很小但术业专精的共同体认为，这个“德布罗意–玻姆理论”能说明很多东西，但在量子诠释的众多理论中，它仍是大体上未获探究的一种。

尽管这个理论很有吸引力，但篇幅所限，我对它的探讨就到此为止，毕竟有很多其他著作都对它做了更深入、更具篇幅的探讨。无论如何，我这里没有去解决量子力学的诠释问题，因为我们目前只能做到这样。

至此我们已经探讨了物质与能量的基本组成要素，它们所存在的时空，以及奠定这一切的现实世界的量子性。我还没谈及物理学中一些同样基本的概念，当大量粒子聚在一起形成复杂系统时，这些基本概念就会出现。所以，让我们暂时离开微观世界，将镜头重新拉远，去探究一下复杂系统出现后会发生什么，并探讨一下秩序、混沌、熵、时间之箭等深奥的概念。

06

热力学与时间之箭

离开带着随机性和不确定性的量子世界后，我们熟悉的牛顿世界重又回到了焦点。仔细想想吧：桌上一杯打着旋、冒着热气的咖啡，刚刚从隔壁弹进后院的球或者在高空飞行的喷气式飞机，都是物质和能量的产物，它们组合成了多种复杂程度的系统。因此，要想明白周围世界的物理，我们就得了解粒子在大的集合中如何表现及相互作用。而帮助我们理解这些表现的物理学领域，就是统计力学。

你可能还记得，在第 4 章熟悉物质与能量时，我们谈到了这样一个事实：能量可以从一种形式转化为另一种形式，而系统中的总能量保持不变。弹球在触地反弹的过程中，它的能量会在势能（因为有离开地面的高度）

和动能间不停地转化。每当它反弹上升至最高点时，能量就完全转化为势能；而在球触地前的一刹那，它的运动速度最快，势能就都转化成了动能。这一切听起来都相当简单明了。但我们也知道，这个球不会一直弹跳下去——它会以热的形式损失能量，这些热是球与空气摩擦、与地面碰撞产生的。而这种从动能到热的变化，在根本上不同于动能和势能之间的转化，因为这个过程是单向的。我们要是看到球在不借助任何外力的情况下突然弹起，一定会大吃一惊。

为什么会这样呢？这种“单向性”从何而来？

答案是，球不再弹跳的原因，和一杯热咖啡的热量总是散入周围较冷的空气中一去不返的原因是一样的，咖啡中的糖不会重新析出、奶油不会又分离出来，也是同样的道理。欢迎来到热力学的领域——这个物理学的第三大支柱（其他两根是广义相对论和量子力学）。统计力学描述大量粒子在一个系统中如何表现和相互作用，热力学则描述系统中的热和能量，以及它们如何随时间变化。你将看到，上述研究领域都是高度相关的，所以物理学家经常把它们放在一起研究，我们也会对它们一起进行考察。

统计力学和热力学

设想一个充满空气的盒子，里面的所有分子都在任意地四处碰撞，运动得有快有慢。如果盒子保持固定的温度和压力，则其中包含的总能量保持恒定。这个能量以一种非常特殊的方式分布在这些分子中：总的可做功能量依简单的统计规则散布。假设你向盒中注入一些较热的气体（运动得较快的分子），然后不去管它，这些新分子就会与原来较冷的分子随意碰撞，借此，新分子将所携能量分布开来：热分子会慢下来，并同时使其他分子加速。最终，盒里的空气会达到一个新的平衡态。这时，任何旧分子最可能具有的能量都会比之前高一点，盒内的总体温度也会升高一些。

盒内能量在各分子间的这种散布，叫“麦克斯韦–玻尔兹曼分布”，这是以 19 世纪的两位最伟大科学家的名字命名的，是他们开创了统计力学这一研究领域。“分布”是指坐标图上曲线的形状，该坐标图呈现的是不同的分子速度和每个速度下的分子数之间的关系。换句话说，这根曲线连接的是任一分子对应某一速度的概率，而非各分子所具有的特定速度。各分子后面最有可能达到的某个速度，就对应着曲线的最高点；而达到更快或更慢的速度，可能性就要低一些。分布的形状也会随盒内的温度而改变：盒内温度越高，概率分布的峰值也会向更高的速度移动。当分子达到麦克斯韦–玻尔兹曼分布时，我们就说盒中的空气达到了“热力学平衡”（见图 2）。

朝向统计平衡的演变趋势，关联着一个非常重要的物理学概念：熵。如果不加干预，一个系统的熵总是会增加，即一个系统总会从一个“特殊”（有序）状态退回一个不太特殊（混乱）的状态。物理系统会松弛、冷却、损耗。这就是“热力学第二定律”，其核心只是在陈述一条统计必然性：如果不加干预，一切事物最终总会回归平衡态。

再想象一下，盒子里所有的空气分子一开始都是聚在一角的。这样，盒子的熵在初始状态就很低，因为里面的空气处于一种特殊的、较为有序的状态。如果放任不管，这些分子就会任意运动，并在整个盒子内迅速扩散，直至达到均衡分布为止。就像热分子的速度最终会达到热力学平衡态那样，盒内空气的扩散也是从低熵状态到高熵状态。当空气分子在整个盒子里均匀分布时，熵就会达到最大值。

还有一个更简单的例子。一副整齐有序的纸牌，每种花色都分开并按升序排列，那么这副牌的熵就很低。如果我们切洗这副牌，这种高度有序的状态就会被破坏，我们就说它的熵增加了。随着不断切洗，这副牌极有可能变得越来越乱，而不是回归原来的有序排列。这是因为这副牌未经切洗时有着十分特殊的排列，而让这副牌

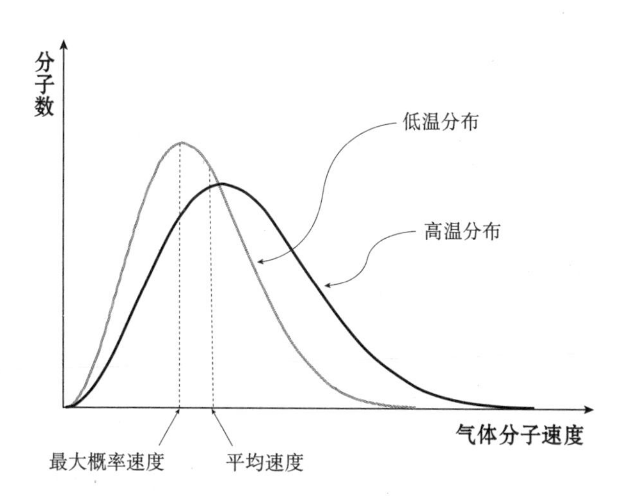

图 2　麦克斯韦–玻尔兹曼分布　　盒中的气体分子将会均匀分布，传递能量，直至达到热平衡。分子数量与速度的关系曲线称为“麦克斯韦–玻尔兹曼分布”，概率最大的速度即是曲线的峰值，且会随气体总体温度的增加而向更高的速度移动。需要注意的是，概率最大的速度不同于平均速度，因为较多粒子的速度是大于峰值速度的。

变混乱则有许多许多种方法。所以洗牌更有可能造成单向的变化——从未洗到洗过，就是从低熵到高熵。

熵还有一个更有趣的定义，就是它可以作为一个指标，衡量某物为达成一项任务而消耗能量的能力。一个系统一旦达到平衡态，它就变得无用了。一节充满电的电池熵很低，随着使用，它的熵会不断增加。用完电的电池处于平衡态，具有高熵。有用能量和无用能量的区别，就是这么来的。一个系统如果处于一种有序的、特殊的（低熵）状态——如充满电的电池、拧紧发条的闹钟、日光或者一块煤里碳原子间的化学键——它就能用来做有用功。而一旦这个系统达到平衡，熵最大化了，它包含的能量就无用了。所以某种意义上，要让世界运转，需要的不是能量，而是低熵。如果一切都处于平衡态，就什么都不会发生。我们需要一个处于低熵状态的、远未达到平衡的系统，使能量从一种形式转化为另一种形式，换言之就是使其做功。

我们仅仅是活着就在消耗能量，但我们现在可以明白，它必须是那种有用的低熵能量。生命就是一种能让自己维持在低熵状态、远离热平衡的典型系统。究其核心，一个活细胞就是一个靠有用的低熵能量（通过成千上万种生化反应过程）供养的复杂系统，这种能量锁在我们吃的食物的分子结构中，是化学能，被用来维持生命的进程。而地球上之所以可能存在生命，最终是因为这里的生命以太阳的低熵能量“为食”。

热力学第二定律和熵的不断增多同样适用于全宇宙。现在我们设想盒子里是一团冷的气体，体积有一个星系那么大。气体中如果有一群分子随机地向彼此靠近，紧密程度高于平均水平，那么它们相互之间的微弱引力就有可能足够把它们拉得更近，这样它们就能形成比平均情况更密集的气团。*越多气体分子聚在一起，引力就会变得越明显，从而能更高效地吸引更多的分子（见图3）。这个在引力作用下的聚集过程就是恒星形成的原因：巨大的气体云坍缩在一起，直到这些区域足够密集，使（从氢到氦的）热核聚变得以开始，点燃恒星。你第一次想到这一点时，可能会感到困惑，因为聚集过程看起来会形成一个更为整齐有序、更为“特殊的”状态，所以最终状态应该比所有分子均匀分布时熵更低。那么，是不

---

* 当然，如果我们处理的是少量分子，引力就绝不会掌控它们的行为。只有分子数量极其巨大时，它们的累积质量才会形成有影响的引力。

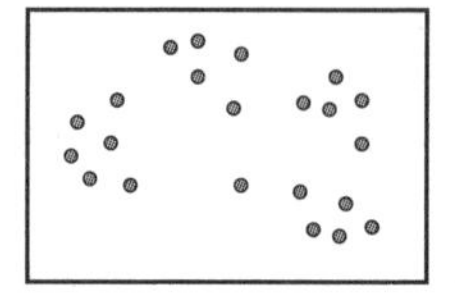

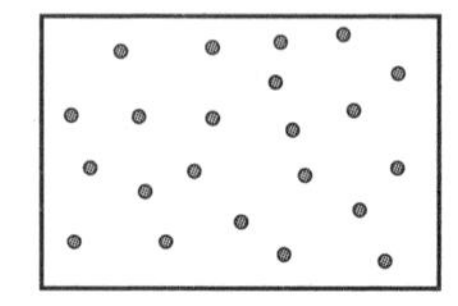

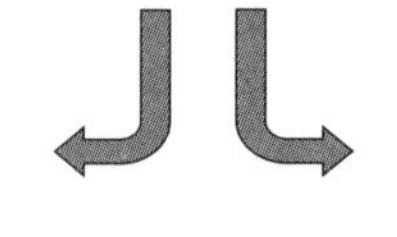

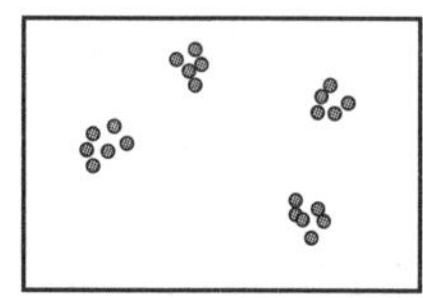

图 3　不断增加的熵　盒中稍微失衡（低熵）的粒子要增加熵，有两种方式：重新分布回归平衡态，或在引力的作用下聚集起来。两种方式都能使它们符合热力学第二定律。

是引力引起了气体的熵减，从而违反了热力学第二定律？

答案是否定的。无论何时，物质在引力的作用下聚集起来，它的熵总是增加的，这和一个球受地球引力的拉拽而滚下山坡，熵是增加的，道理相同。可以把这种聚集想象成拉伸的弹簧得到释放，或者时钟松开发条：随着做有用功的能力的丧失，它们的熵在不断地增加。因此，当这团气体云的某部分分子偶然、暂时地比均匀散布时相互靠得更紧时，这只是对熵最大状态的暂时偏离。要使熵重新增加，要满足第二定律，这些分子就面临着两种可能：要么重新散开，回到原来的热平衡状态；要么向另一个方向发展，因相互之间的引力而聚集在一起。无论哪种方式，它们的熵都会增加。

你现在会问：是什么原因引起了这种偏离最大熵值的现象？这种偏离本身难道不算违反第二定律？答案是，在我们的宇宙中，物质和能量的初始状态并不是热平衡态，而是一个非常特殊的低熵状态，它是由大爆炸本身的条件决定的。在量子层面，这些初始条件给时空播下了不规则的种子，随着宇宙膨胀，这些不规则性在宇宙的结构中就变得非常明显，以至于物质的分布中自动地形成了一定量的团块。随着宇宙继续“展开”，彼此靠得足够近的物质能感受到引力的拉扯，最终聚集在一起，形成恒星和星系。继而，太空中的氢气和氦气分子一起落入恒星的引力阱中，引起熵增。但关键是，这个熵并没有达到最大值——恒星并不是处于热平衡中的系统，而依然是低熵储能库，其中的热核聚变反应会以光和热的形式释放过剩的能量。正是这种来自我们的恒星——太阳——的低熵能量，使地球上的生命成为可能。植物利用太阳能，经光合作用产生“生物质”，在有机化合物的分子键中锁住有用的低熵能量，这些有机化合物又能被其他生物、包括人类利用——也就是把植物当食物消耗掉。

地球本身也蕴藏着有用的能量，这些能量和太阳能一起驱动地球的气候；还有月球和太阳的引力势能掌控着海洋的潮汐。所有这些都为我们提供了其他可以发掘利用的低熵储能库。例如，瀑布顶端的水会在重力的拉动下下落，这样其势能就转化为动能，就能用来驱动水力发电站为我们供电。当然效率损失总是存在的——第二定律告诉我们，熵会以废热的形式在总体上有所增加。

但在这里，除了能量从一种形式转化为另一种形式外，还发生着更深层的情况。

时间的方向

如果一个物理系统——包括全宇宙——必然总是从一种低熵的有序状态进入高熵的无序状态，那么这就给了我们一个时间流逝的方向——热力学第二定律能让我们区分过去和未来。这听起来可能有点奇怪——毕竟你不需要第二定律来告诉自己昨日已逝。尽管昨日之事一去不回，你脑海里还是存放着对它们的记忆；而明天依然是你的未知，还有待发生。我们直观地觉得，这个从过去指向未来的时间之箭，是现实的一个更为基本的属性，也是热力学第二定律的基础。但实际情况恰恰相反：要把热力学第二定律当作时间之箭的**源头**，没有第二定律就没有将来或过去。

想象一下我们在观看一部关于“盒内空气”的影片（也设想空气分子大到足以让我们看见）。空气分子会到处弹跳，相互碰撞并碰撞盒子的四壁，运动得有快有慢。但如果空气处于热平衡状态，我们就无法判断这部影片是在向前播放还是在倒放。在分子碰撞的尺度下，我们无法看出时间的任何方向性。没有熵增、没有趋向热平衡态的动力，宇宙中的所有物理过程就都同样可以反过来发生。然而，正如我们所见，根据热力学定律，宇宙及其中的万事万物都有着向热平衡发展的趋势，这完全归因于分子层面上事件的统计概率，即分子世界会从不太可能发生的情况进展到较为可能发生的情况。从过去指向未来的时间方向性并不神秘，它只是一种统计必然性。

知道了这一点，那么我知道过去但不知道未来，也就不再那么奇怪了。随着我对周围世界的感知，我增加了存储在大脑里的信息，这个大脑做功的过程会产生废热并增加我身体的熵。从热力学的角度看，就连我们辨别过去和将来的能力，也不过是人脑在遵循第二定律。

决定论和随机性

以上这些观点可能让你感到不安——你合该如此。过去和未来的区别，当然不仅仅是随机碰撞的分子趋向热平衡的统计倾向，或者一副牌未洗时和洗过后的差异。毕竟，过去是固定的；对于各种已经发生的事件，我们只记得一个过程——我们只有一部历史。相反，未来对我们还是开放的，有无限的可能。*明天会发生什么，大多不可预测，我的一天会以无数种不同的方式展开，取决于成百上千万个不同因素怎样组合到一起。因此，我们有一个过去，但有许多可能的未来，基于这个观念，在比简单统计更深的层面上，过去和未来是否真有区别？换句话说，是我们的命运早已注定，还是我们的未来受偶然性的操控？这些是古老的哲学问题，触及了自由意志本身的性质。

物理学家谈及一个过程是“决定了的”，通常指的是“因果”决定论的概念，即过去的事件导致未来的事件。

---

* 当然，有些事情比其他事情更有可能发生。我几乎完全确信太阳明天会升起，我会比前一天更老；我也相当确信我明天醒来时不会突然能说一口流利的日语或在 10 秒之内跑完 100 米。

果真如此，就没有什么是偶然的了：万事的发生都有一个理由性事件，而它又刚刚先于自己而发生，即原因和结果。因此原则上说，目前整个宇宙的状态都可以一步步追溯回去，一直回到大爆炸。如果这是真的，那么现在的事件当然决定了未来的事件，这样，从原则上说，我们应该能预知未来。在这里，“事件”一词也包括人脑神经元的放电，这些神经元决定了我们的思维过程以及相关决策。毕竟人脑也是原子组成的，没有额外的神奇成分能让它豁免于物理定律。

在一切皆为前定的宇宙中，我们对自己的行为和决策不会有自由的选择，因为未来只有一种，正如过去也只有一种（还记得我在第3章讨论过的爱因斯坦的块状宇宙观吗）。但事件的顺序，即过去导致未来而非相反，是由热力学第二定律驱动的，没有这个定律，我们认作“未来”的事件同样也可以导致“过去”。

真若如此，为何我们又无法对预测未来怀有任何信心？就连我们最强大的超级计算机都不能确切地告诉我们下周会不会下雨。就天气而言，原因很明显。想想看，为了做出精确的预测，我们尝试建立的模型有多复杂，需要确切知道的变量——从大气和海洋中温度的变化到气压、风向、风速、太阳活动等——又有多么众多吧，这时你就会发现，我们越是要深入地预测未来，这项任务就变得越是困难。所以，气象学家虽然能有把握地预测明天是晴朗还是多云，但要预测明年的这一天是否下雨却不可能。关键在于，这不等于说此类知识原则上就无法知道，因为在一个决定论宇宙中，未来早已注定；只不过在实践中，我们需要极其精确地了解地球气候的当前状况，并拥有惊人的算力来输入所有数据并进行精确的模拟，然后才能借数学推演给出可靠的预测。

正是这种混乱的不可预测性，产生了著名的“蝴蝶效应”：在世界的一端，一只蝴蝶扇动翅膀所引发的微弱的、看似无关紧要的空气扰动会逐渐发展壮大，直至能显著地影响世界另一端的飓风的走向。这不是说存在着某一只具体的蝴蝶能让我们追踪飓风的起因，而是说如果我们继续在时间里演进这个系统，初始条件的任何微小变化都可能产生天差地别的结果。

物理学的方程描述的是一个按决定论演进的世界。知道一个系统的确切初始条件（每个组成粒子的位置、在给定时刻的运动方式以及所有粒子间的各种力的情况）就能让我们全然决定论式地算出该系统会如何演变，这就是因果。未来（在原则上）可以袒露在我们眼前。

当然问题是我们实际上绝做不到这一点。我们无法极其精确地知道或者控制系统的初始条件以及所有其他的连续影响，这种情况甚至在比天气简单得多的系统中都能观察到。掷硬币的过程就无法被精确重复，进而一再得到相同的结果。我掷一枚硬币，可能得到正面，而要再掷一次，让硬币旋转相同的次数且最后同样得到正面，可就太难了。在像我们这里的决定论宇宙中，命运都是完全定好的，只是我们无法有把握地预测它。

那我们又怎么解释量子力学呢？在量子力学的根本层面，难道不是真正的随机性和未决性（indeterminism）吗？在这种注定的、确凿的未来中，我们会感到不再能做自由的选择，大家只是一部精密的宇宙钟表中的齿轮；难道量子力学没把我们从前途黯淡的决定论中救出来吗？说实话，对于这个问题，我们还没有清晰的答案。我们也必须小心分辨“不可预测性”和“未决性”。量子世界的概率性确实意味着事件有不可预测性，即我们无法事先确切知道一个电子会在哪里、向哪个方向自旋，或者一个放射性原子具体何时衰变。我们利用量子力学所能做的，只是给不同的测量结果赋予不同的概率，虽然这种不可预测性有可能归结为真正的**未决性**，但量子力学的数学对此并无要求。未决性是我们强加给数学的一种诠释，用来描述我们测量的东西。例如，大多数宇宙学家偏爱量子力学的多世界诠释，在其中，一切都是完全决定好的。

不可预测性和表面上的随机性还有另一种方式出现在物理学中，即通过“混沌行为”这种现象。当一个系统内部有不稳定因素时，自然界中就会出现混沌，而随着时间的推移，系统演进方式中的微小变化可能迅速变大，于是又成了蝴蝶效应。有时候甚至是简单的系统，遵循的是简单的、决定论性质的物理定律，也能表现得极其不可预测和高度复杂，就像是真随机。虽然在量子领域，我们不知道不可预测性是不是出于真正的未决性（取决于我们选择哪种量子力学诠释），但混沌系统的不可预测性不是因为真随机性（尽管一开始貌似如此）。

混沌理论也有相当吸引人的另一面：一些简单的规则经反复应用，往往会导致看似随机的行为，但有时也会产生看起来高度有序的美妙结构和复杂的行为模式。意想不到的复杂性出现在以前不存在的地方，又绝未违反热力学第二定律。研究这种“涌现行为”的科学领域叫“复杂系统科学”，它已经开始在生物学、经济学、人工智能（AI）等许多振奋人心的研究领域发挥重大作用。

总之，我们的宇宙有可能是完全决定好的，其未来演化的任何不可预测性，完全是因为我们还缺少确切了解将要发生之事的能力。这可能是因为在量子层面，我们不可能既观测一个系统而又不干扰它进而改变结果；也可能是因为我们实际上无法掌握关于系统的完整知识，不确定性不断累加，于是我们永远无法确定未来会怎样。

时间是什么?

简略地了解了物理学中的决定论和随机性之后，我们再回到本章的核心议题，即热力学中涌现出的时间方向。请注意，我们现在已经见识了三种关于时间是什么的不同观点，每一种分别来自物理学的三大支柱之一。

首先，根据狭义相对论，时间不是绝对的，它不会独立于发生在三维空间中的事件而流逝，而必须与空间结合为四维时空。这不只是数学上的一个机窍，而是现实世界的属性强加给我们的，它经受住了实验的反复检验，看起来就是宇宙的本来面目。然后，爱因斯坦的引力理论（广义相对论）告诉我们，时空就是引力场本身，引力场越强，时空弯曲就越厉害。因此相对论告诉我们的是：时间是宇宙物理结构的一部分，是可被引力拉伸或扭曲的一个维度。

这与时间在量子力学中几乎无足轻重的角色迥然不同。在量子力学中，时间仅仅是一个参数，一个代入方程的数字。知道系统在某一时刻 t_1 的状态，我们就可以计算系统在任一其他时刻 t_2 的状态。反过来也成立：知道系统在较晚时刻 t_2 的状态，我们就能计算系统在较早时刻 t_1 的状态。在量子力学中，时间之箭是可逆的。

而在热力学中，时间还有另一种含义。在这里，它既不是一个参数也不是一个维度，而是一支从过去指向未来的不可逆转之箭，这方向就是熵增的方向。

许多物理学家认为，有朝一日，我们能把这三种关于时间的不同观念全都结合起来。例如，我们还没有得到关于量子力学的最后结论，因为我们还没有完全理解描述量子动态的决定论性质的方程——按这些方程，时间可以双向流动——如何与不可逆的单向测量过程联系在一起。快速发展的量子信息论提供了强有力的线索，该理论表明，量子系统与周围环境相互作用和纠缠的方式，类似于热物体向较冷的周围环境中放热。这或可看作量子力学和热力学的结合。

2018 年，澳大利亚昆士兰大学进行了一项巧妙的实验，展示了在量子层面，事件的发生没有确定的因果顺序，这一令人困惑的现象。在物理学中，因果关系基本上意味着，如果 A 事件发生在 B 事件之前（在某个参照系内），那么 A 事件可能会也可能不会影响乃至导致 B 事件，而后发生的 B 事件则不可能影响或导致 A 事件。在量子层面，这种合理的因果关系被证明是不成立的。这使得某些物理学家认为，时间之箭在量子层面确实不存在——这种属性只在我们来到宏观层面时才涌现出来。

但是，一个世纪以来，许多物理学家一直在孜孜不倦地寻求将物理学前两大支柱理论结合起来。他们的整个职业生涯都致力于去弄明白如何把量子力学和广义相对论结合成为一种包罗万象的量子引力论。20 世纪两个最重要的物理学思想的统一，就是下一章的主题。

07
统一理论

物理学家统一各理论的不懈努力——把关于宇宙的各定律组合到一起并用一个简洁的数学方程表达出来，得到一个“万有理论”——看起来常常只是对简洁明了的执念，是努力用最少的基本原则去包含所有复杂的自然现象。但实际情况比这要微妙。纵观整个物理学史，我们对大自然的运作方式揭示得越多，在看似不相干的力和粒子之间发现的联系就越多，用来解释越来越广泛的现象所需的规则和原理也越少。“统一”不是我们刻意要实现的目标，而是随着我们对物理世界的了解越发深入自然出现的结果。但不可否认，这种成功伴随着某种美学上的吸引力，这推动着我们继续沿同样的路线前进。而我们在这方面已经取得了惊人的成就。

从数学上说，追求物理学定律的统一，常常要寻找抽象的对称，这种对称样式蕴藏着大自然的深刻真相。在第 2 章我们已经看到，中心对称在物理学中是如何被证明的，它又如何带来了能量守恒、动量守恒这样的定律。但是要真正理解对称的重要性，以及过去一个世纪里不同对称在理论物理学中的作用，恐怕超出了这本小书的范围。

对统一理论的追求，有时被描述为尝试把自然界所有的力纳入一个框架，这意味着只有一种“超级力”，我们所知的自然界中不同的相互作用——电磁力、引力以及两种局限于原子核内部的短程作用力——只是这单一种力的种种不同面向。迄今为止，广义而言，物理学家已经在统一理论这项工程上取得了大量的成功。我已经讲了牛顿如何把导致苹果从树上掉落的力，和控制天体在空中运动的力，理解为同一种普遍的（引）力。这在当时根本不是显而易见的事，尽管今人可能视其为理所当然。在牛顿之前，人们认为物体掉落在地，是因为万物皆有向其“自然”位置，即世界的中心移动的趋势，而太阳、月亮、行星、恒星的运动遵循的都是十分不同的原理。牛顿的万有引力定律把这些现象统一了起来，因为这个定律指出了，所有的物质都相互吸引，引力的大小和它们质量的乘积成正比，和彼此之间距离的平方成反比。无论是苹果还是月亮，两者受地球吸引的情况，都受同一个公式的主宰。

“统一”之路上的另一项飞跃，发生在牛顿之后大约两个世纪：麦克斯韦证明了电和磁实际上是同一个电磁力的不同面向。因此，纸片和在衣服上摩擦过的气球之间的静电吸引力，与磁石吸引回形针的力，都是同样的电磁力。我们在自然界看到的几乎所有现象，最终都可以归结为这两种力，即引力和电磁力中的一种。所以我们自然要问，我们是否能更进一步，把两者结合成一个理论。

我们已经看到，从根本上说，引力场只不过是时空本身的形状，这一揭示同样基于某种统一观。通过把空间和时间结合起来，爱因斯坦揭开了一个深刻的真理：只有在四维时空中，所有观测者才能就两个事件之间的间隔达成一致意见（无论他们相对于彼此运动得有多快）。10年后，他的广义相对论带来了一幅更为精确的新图景，描述了物质与能量如何导致时空弯曲。但这对爱因斯坦来说还不够，在接下来的40年里，他花了大部分时间探究统一理论，以便把他的引力论和麦克斯韦的电磁理论结合起来，但并未成功。

我们现在知道，除了引力和电磁力，还有另外两种力，即强核力和弱核力，后两者只在非常微小的距离上起作用，但对大自然的基本法则而言也同等重要。而电磁力和一种核力的统一，将会是 20 世纪物理学的下一步。

但对这些基本力的性质在认识上的重大进展，是在量子力学发展起来以后才出现的，此时量子力学已经从着眼于粒子和波从而描述微观世界的理论，发展到了把“场”也囊括其中。我在第 3 章探讨引力和电磁力时，简要触及过场的意义。现在是时候探讨量子场的意义了。

量子场论

我可能给了你这样的印象：量子力学在差不多一百年前完成之后，大部分物理学家就忙着把它应用于物理学和化学中的实际问题，而只有少数更具哲学头脑的人在继续探讨该理论的意义。这在很大程度上也是历史的真实情况。但量子力学在整个 20 世纪上半叶还在继续往精深复杂的方向发展，这也是不争的事实。基本的数学形式，即方程和规则这些，在20世纪20年代末当然已经具备，但保罗·狄拉克不久就成功地把量子理论和爱因斯坦的狭义相对论结合了起来（编按：即相对论性量子力学方程/狄拉克方程）。他也统合了量子力学和麦克斯韦的电磁场理论，形成了首个量子场理论，在描述物质与光在量子层面的电磁相互作用上，该理论发展成了一种强大且非常精确的方法。

狄拉克的量子场论描述了电子如何释放和吸收光子，两个电子如何相互排斥——这种排斥的形成，借助的不是某种使两个电子能穿越空间联系起来的不可见力，而是光子的交换。到20世纪30年代，物理学家在量子层面消除了粒子物理学和场物理学之间的区别。于是，就像光子是电磁场的粒子性表征、量子尺度下的纯能量块那样，物质的定域粒子，如电子和夸克，表征的也是更为基本的相关量子场。然而，不同于光子和电磁场，当涉及物质粒子时，这种表征关系就不那么明显了。原因在于，光子能以无限的数量聚集在一起，产生我们在宏观层面能观测到的电磁场，而像电子、夸克这样的物质粒子不太容易聚集，因为量子力学中有一条法则叫“泡利不相容原理”，它指出两个相同的物质粒子不能处于相同的量子态，这就意味着要观察到它们的量子场非常困难。

到20世纪40年代末，描述量子场的数学问题终于得到了解决——名为“量子电动力学”（QED）的理论完成了。如今，它被看作整个科学领域中最精确的理论。也正是这一物理理论，奠定了物质的性质和全部的化学过程，从而从基本层面解释了我们周围世界的几乎一切：从我笔记本电脑里的电路和芯片的工作机理，到我脑内的神经元放电如何指挥我的手指在键盘上移动。这是因为QED处于原子间所有相互作用的核心。

尽管QED如此强大，但它仍然只描述了四种自然力中的一种：电磁力。

从20世50年代末到60年代，物理学家用美妙而复杂的数学推理把QED和弱核力场论结合了起来。他们证明，弱核力从根本上说也产生于粒子交换，相当于描述电磁力时，光子交换所起的作用。如今，我们有一个统一理论来描述单一个“电弱”相互作用：它会经过一个名为“对称性破缺”的过程，分裂成两个截然不同的力——电磁力（由光子交换所表征）和弱核力，后者承载在W及Z玻色子的交换中，W及Z玻色子后来于

1983 年为欧洲核子研究组织（CERN）所发现，自此便得到了广泛的研究。以上两种力的分裂（对称性破缺）是由于另一个场，叫“希格斯场”，它赋予 W 及 Z 粒子以质量，同时让光子保持无质量。这项统一意味着，从根本上说，四种自然力可以减少为三种：电弱力、强核力和引力（而根据广义相对论，引力在任何情况下实际上都不是一个力）。而关于这项统一是否有助于问题的简化，你可能不同意我的观点。

在取得这一进展的同时，物理学家也发展出了另一个量子场理论，来描述在质子和中子内部让夸克结合在一起的强核力。强核力的微妙之处在于，它在夸克之间的作用方式牵涉一种叫“色荷”的属性，值得简要提一下。正如能感受电磁力的粒子有两类电荷，我们简单地称之为正电荷和负电荷*，类似地，能感受强核力的粒子（夸克）有三种“荷”，称作“色荷”，以区别于电荷。请注意，这里的“（颜）色”一词可不能照字面来理解。之所以需要三类色荷，而不是像电荷那样两类就够，是因为要解释为什么每个质子和中子都必须包含三个夸克；而

---

* 同样可以称“左右”“黑白”“阴阳”等，来表明它们的相互对立。

之所以选用颜色作比，是因为这与光的三原色（红绿蓝）结合产生白光有关：质子或中子里的三个夸克，每个都带有一个不同的色荷，或红或绿或蓝，这样它们三个就能结合成一个“无色”的粒子。

这其中的规则是，夸克因为带色荷，所以无法独自存在；在自然界中，它们只有黏合成无色的组合才能存在。* 因此，研究把夸克结合在一起的强核力的场理论，叫“量子色动力学”(QCD)。夸克之间交换的粒子是胶子，比起弱核力载力子 W 及 Z 玻色子的名称，“胶子”是个更形象、更合适的名字，我想你会同意这个说法。

现在咱们来盘点一下。在四种已知的自然力中，三种可以由量子场论来描述。电磁力和弱核力经电弱理论联系在了一起，而强核力则由量子色动力学来描述。而那个有待充分发展的、把这三种力联系在一起的理论，就叫“大统一理论”(GUT)。但在找到这样一种理论之前，我们必须设法使电弱理论和量子色动力学形成一个松散

---

* 另一种由夸克组成的粒子叫“介子”，包含一个夸克和一个反夸克，两者必须有相同的色荷，因为反粒子总是带有相反的性质。因此，一个介子可以由一个（某味的，如上、下或奇）红夸克与一个其他味的反红夸克组成。夸克和反夸克的味决定了介子的类型，而它们的色和反色相互抵消，确保了介子的无色。很复杂吗？当然喽！

的联盟，这就是“粒子物理学标准模型”。

即使是标准模型最积极的捍卫者也会承认，这个模型很可能不是关于物质的最终结论。它存在了这么长时间，部分是因为至今没有更好的理论能替代它，部分因为它所做的预测迄今为止都获得了实验的证实，如2012年希格斯玻色子的发现（后面再详谈它）。尽管这是我们对四种自然力中的三种最好的描述，物理学家最想实现的，还是莫过于做出一些和标准模型相冲突的新发现，以期形成对现实更深刻、更精确的描述。但只要标准模型的预测继续为实验所确认，它就会存活下去，以待来日再战。

当然，对量子场论的这一番讨论，略去了一个非常重要的因素：引力。

探求量子引力

我们已经发现，在适合于牛顿物理学的长度、时间和能量尺度下，对我们日常世界的描述只是一个近似，在这之下，是在极端尺度上发挥作用的更为基础的物理学理论。在一端，我们有量子场论，它让我们得出了粒子物理学标准模型，能解释宇宙中四种已知力的三种。在另一端，我们有广义相对论，它给予了我们宇宙学标准模型，这个模型包含着另一种力——引力；这个超大尺度的标准模型有一系列不同的名字，如“一致性模型”“含宇宙常数的冷暗物质模型”（ΛCDM 模型），或“大爆炸宇宙学模型”。我会在下一章更充分地讨论这个话题。

因此，人们经常问物理学家的一个问题是：继续执着于统一理论，力图把描述完全不同尺度（量子领域和宇宙领域）的两种模型结合起来——我们为什么觉得这很重要，甚至这是否有可能实现。当然，每个模型在自己的领域里都很管用，而这对我们来说本该是足够了的。但我必须再次强调，物理学的目的不只是用来解释我们观察到的现象，或基于此来发现一些有用的应用方式；物理学是为了获得对现实的最深刻、最完整的理解。

这就是我们的现况：困在两个成功的框架——量子场论和广义相对论——之中，而二者好像又不想彼此交好。实际上它们似乎没有什么共同点：它们的数学架构互不相容。然而这不可能是全部的真相。我们知道时空会对其中的物质做出反应。我们也知道物质在亚原子尺度下的行为遵循量子力学规则，这反过来又必然影响时空的行为。如果一个未被观察的电子同时处于两种或更多状态的量子叠加，就像我们所知道的电子那样——例如，如果它们的量子态散布在一定体积的空间内，或同时处于不同能量的叠加态——那么这个电子周围的时空肯定会反映这种模糊性。问题在于，广义相对论就不是"量子性的"，而我们如何让它具有量子性，这一点也远非直接明了。其中一个问题是亚原子粒子的质量太微小了，以至于它们对时空的影响几乎不可能测量。

问题依然是：我们如何把引力场量子化？我们要做什么，才能把量子场论和广义相对论结合起来？如果这两个极其成功的理论真如看起来那样无法兼容，那么它们中的哪一个需要给量子引力论"让路"呢？

弦论

20 世纪 80 年代中期，物理学家们提出了一个候选的量子引力理论。它基于一个名为"超对称"的数学思想（第 2 章简要提过）。这个候选理论后来被称作"超弦理论"，它激发了我这一代许多数学物理学家的想象力。

超对称提示，标准模型中的两大类粒子，即物质粒子或叫费米子（夸克、电子以及与它们相近的粒子），与载力粒子或叫玻色子（光子、胶子、W 及 Z 玻色子等）之间，存在某种关系。

弦论本来是在 20 世纪 60 年代末作为强核力的理论提出的，到 70 年代量子色动力学发展起来并获得成功后，物理学家们就对弦论失去了兴趣，认为这个理论不再必需。但他们很快意识到，如果把超对称思想融入弦论，它就可以再次成为候选理论，且不仅仅是强核力的理论，而是一项更重大的任务，即“万有理论”的候选理论。

“超对称弦”（即“超弦”）理论的基本前提是：统一所有力的一个方法，是在我们已知的三维空间上增加更多的维度。这个思路要追溯到波兰理论物理学家忒奥多·卡鲁扎，在第一次世界大战结束后，他注意到如果他在五维时空而非四维时空里解爱因斯坦的广义相对论场方程，那么在这个看不见的第五维度里，电磁力就会以振动的形式从这个数学方程中得出。卡鲁扎向爱因斯坦展示自己的成果，后者一开始对这个结果很满意。它对电磁力所起的作用，就像爱因斯坦的广义相对论对引力所起的作用那样：把对它的基本描述从一个物理力变成了纯几何问题。

尽管这种把光（电磁力）和引力（广义相对论）统一起来的方法很是优雅，但大多数物理学家——包括爱因斯坦本人——很快就对卡鲁扎的成果产生了怀疑，因为没有实验证据表明这个额外的空间维度存在。

在卡鲁扎最初提出这个想法之后数年，瑞典物理学家奥斯卡·克莱因认为，第五维隐藏的原因，在于它是自我卷曲的，因而小到无法探测。有一个典型的类比，有助于解释这是什么意思。从远处看，一根软管看起来像一条一维的线，但靠近后你会发现它实际上是一个二维曲面卷成的圆柱。第二个空间维度（围绕软管的圆周方向）小到在远处无法看见。克莱因认为这个道理同样适用于卡鲁扎的第五空间维度，这个维度卷曲成一个圆，而圆的大小只有一个原子的十万亿亿分之一。尽管卡鲁扎-克莱因理论没有统一引力和电磁力，但它确实帮助了研究者理解超弦理论中高维度的意义。不过，现在并不只有一个隐匿的空间维度，而是需要六个这样的维度，所有这些都卷成一个无法想出样子的六维球体。因此超弦理论宣称维度有十个：我们能体验到的时空四维，外加六个隐藏的维度。

直到今天，很多寻求统一自然力的研究者仍在研究弦论。他们认为我们已经走了这么远，运用量子场论、超对称等成功思想弄明白了四种力中的三种，因此引力也必定能被驯服。他们很可能是对的。

弦论是从物质在时空中的量子力学属性开始的。它的中心思想是：所有点状的基本粒子实际上都是微小的弦，在隐藏的维度中振动。这些弦要比目前粒子物理学所能测得的尺度小得多，所以我们只能把它们当作点粒子来理解。20 世纪 90 年代出现了一个问题：弦论似乎有五种不同的版本，却没人知道哪一种才是正确的。因此科学家提出了一个更为宏大的新框架，把所有五个版本都总括起来。这个包罗一切的框架现在被称作“M 理论”，是一个不只有十维、而是十一维的超弦理论。然而，要推进大统一方案，似乎还是需要另一个隐藏的维度。

所以，这样就成了吗？M 理论就是我们最终的“万有理论”吗？很可惜，我们现在还说不上来。虽然它在数学层面非常优雅有力，但我们仍不知道弦论或 M 理论是不是对现实的正确描述。在下一章，我将围绕这个主题探讨一些悬而未决的问题和争议点。无论如何，M 理论在追求统一的竞赛中有一个不可小觑的对手。这个竞争理论同样是推测性质的，但许多理论物理学家认为这是处理统一问题更纯粹、更合理的方法，它就是“圈量子引力论”，在20世纪的最后十年开始崭露头角。

圈量子引力论

圈量子引力论的起点不是量子场论，而是在另一边，即广义相对论。它假设更为基础的概念是时空本身，而非它所包含的物质。从审美上说，尝试将引力场量子化应该说是明智的，毕竟根据广义相对论，引力场就是时空本身。这样，如果长度缩小到足够小的尺度，我们应该会看到空间变得似颗粒状而且是离散的。如同普朗克在1900年提出的，热辐射最终以量子块的形式出现，同样，量子化的空间也会表明，应该存在一个不能再分的最小长度。而引力能的量子就是空间量子本身，这意味着它们不是在空间之内以块状的形式存在的——它们就是一块块的空间。

据认为，最小的空间单位，即1量子体积，其直径就是1个普朗克长度，即10^{-35}米。我一直非常喜欢去找各种办法来描述这个体积到底有多小。例如，一个原子核内包含的普朗克体积，数量相当于银河系的立方米数。

若想把引力场量子化，空间的这种离散化应该说就不可避免。因此时间必定也是“块状”的。所以我们感受到的顺滑的空间和时间，不过是块状量子引力的大尺度近似；而其块状属性的模糊不清，是因为时空的单个像素太小，我们无法感知。

圈量子引力论和弦论形成了强烈的反差。正如标准模型涵盖的三种力（电磁力、强核力、弱核力）实际上就是量子场表现为载力粒子，弦论也预测，引力场也一样，也需要引力的量子粒子——引力子，弦的无质量状态——的介导。在弦论中，这种引力场量子存在于时空之内，而在圈量子引力论中，是时空本身被量子化了。

圈量子引力是指封闭的路径，它从某个量子空间 A 出发，经过 A 与相邻量子空间的连接，绕一个圈，再回到起点。这些圈的性质决定了时空的曲率。它们不像弦那样是物理实体，只有这些圈之间的关系是实实在在的。

某种意义上讲，圈量子引力论在它的范围内是适度的。但更仔细地思考一下，你就会意识到，如果该理论确系对现实的正确描述，那么与其说事件会发生在空间中并持续一段时间，不如说宇宙及其中的一切——所有的物质和能量——只是量子场的共存和相互重叠。而这些场不需要空间和时间在其中存在，因为时空本身就是这些量子场之一。

总之，我们还不能宣布有了一个真正的万有理论，我们也还不知道要如何将量子力学和广义相对论结合起来。但我们已经有一些候选理论显现出了某些希望，虽然这些理论还留有许多未解的问题。杰出的物理学家将他们的职业生涯建立在这样或那样的理论之上；但正如量子力学有不同的诠释一样，统一理论研究中，也涉及许多科学社会学，而关于哪种理论最有前途，相关看法实际上取决于你与谁交谈。大体上，对垒的一方是弦论，这是我们目前统一四种自然力的最佳利器，但经过 35 年的研究，它依然是推测性质的。一些物理学家宣称，这个理论尽管取得了许多进展，但现在却临近了某种危机，因为它没有兑现当初的承诺。其实人们甚至可以说，它甚至还不是一个真正的科学理论，因为它还没有做出任何可以检验的预测。而对垒的另一方是圈量子引力论，这个理论看来是将时空量子化的最合理方法，但它没有告诉我们如何把引力和其他三种力结合起来（见图 4）。两种方法中哪一种是正确的，或者是否需要把两者融合

统　一　之　路

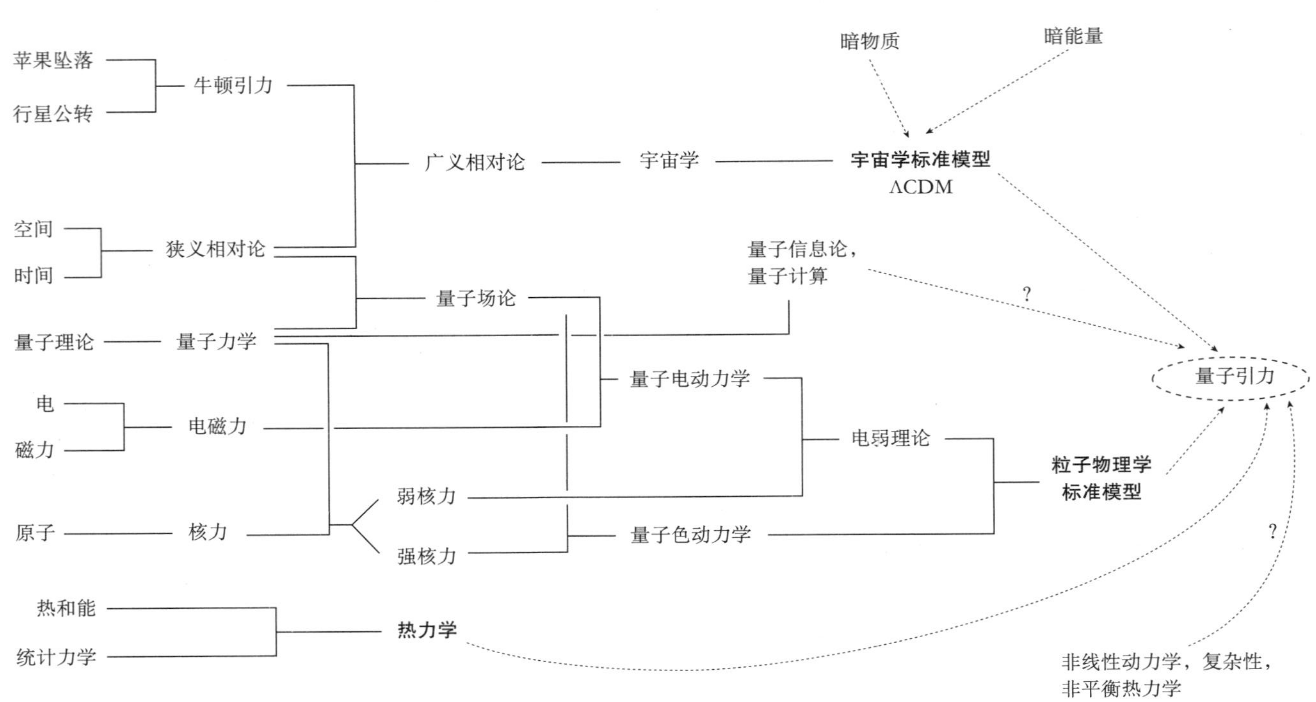

苹果坠落
行星公转
牛顿引力
广义相对论
宇宙学
暗物质
暗能量
宇宙学标准模型
ΛCDM
空间
时间
狭义相对论
量子场论
量子信息论，
量子计算
?
量子理论
量子力学
量子电动力学
量子引力
电
磁力
电磁力
电弱理论
粒子物理学
标准模型
弱核力
原子
核力
强核力
量子色动力学
?
热和能
统计力学
热力学
非线性动力学，复杂性，
非平衡热力学

起来，亦或寻找一个全新的理论，我们还无从知晓。

这就让我们很好地了解了目前的基础物理学中还有哪些尚未解决的问题和争议，以及未来几十年可能取得怎样的进展。

图 4　统一理论（左）　这张简表显示了多年来物理学的概念（理论、现象、力）是如何融合到一起的。请注意，虽然表的时间顺序是正确的（从左往右），但你不能完全按照字面的顺序来理解。例如，牛顿万有引力定律的下方直接就是狭义相对论，但其实后者比前者晚出了几个世纪。

08
物理学的未来

20 世纪物理学取得了巨大的成功，这或许说明我们剩下要做的就是解决一些小问题，改进我们的实验测量手段，对我们的数学理论进行最后的润色，等等——大部分需要知晓的都已经获知，我们只需要完成一些收尾的细节。你可能会觉得，没必要再来一个牛顿或者爱因斯坦（或麦克斯韦、卢瑟福、玻尔、狄拉克、费曼、威滕、霍金）去引发一场新的物理学革命，因为解释整个宇宙运行方式的万有理论已经触手可及。

如果你是一位刚刚步入职业生涯的物理学研究者，正在寻求解决大问题，那么对你来说不幸——或者说幸运——的是，真相远非如此。其实我得说，如今我们离物理学的终点比二三十年前所料想的要更远了。我们说标准模型描述了物质和能量的所有基本组成要素，但我们现在相当确信，已发现的物质只占整个宇宙的 5%。而被称为“暗物质”和“暗能量”的另 95%，某种程度上依然还很神秘。我们确信它们就在那里，但不知道它们是由什么组成的，又要如何融入我们当下的理论。本章中，我将探讨这个谜团以及基础物理学中其他尚未解决的问题。

暗物质

星系旋转的速度，星系团中所有星系的运动，以及整个宇宙的大尺度结构，所有这些都指向宇宙的一种重要组分，它由近乎不可见的物质组成。我们说它“暗”，不是因为它隐藏在其他可见物质背后，或者它真是黑暗的，而是因为就我们所知，除了引力的作用，它感受不到电磁力，因此也不会发光或是与普通物质相互作用*，

---

* 当然有的物质粒子，如中微子，也感受不到电磁力。但它们能借弱核力与其他物质相互作用，所以它们不是所谓的暗物质。甚至暗物质本身也未必不能和其他三种力中的一种或多种相互作用，但这一定会非常微弱（否则我们现在就已经测量到了）。对于这种微弱的非引力相互作用，物理学家还没有彻底放弃希望，因为这种作用如果存在，就

所以更适合它的名字应该是“不可见物质”。思考一下，你一掌拍在一张实心的桌子上，为什么手不会直接穿过桌子。你可能会觉得这是废话：手当然不会穿过桌子，因为两者都是由固体物质组成的。但别忘了，在原子层面，物质主要是虚空的空间——分散的电子云围绕在微小的原子核周围——因此应该有充足的空间让组成手的原子轻易穿过桌子的原子，而不致有任何物质互相接触。无法穿过的原因在于组成手的原子和桌子的原子，二者的电子之间存在互斥的电磁力，让我们体验到了固体的阻力。但假如你的手是由暗物质组成的，那么它就会直接穿过去，好像这张桌子不存在一样——手和桌子间的引力太弱，不会有什么影响。

长久以来我们就知道，如果以恒星、行星、星际的尘埃及气体的形式来衡量星系所包含的所有普通物质，那么算得的结果比星系的实际质量要小得多。人们一度认为，暗物质可能是由早已死亡的恒星和黑洞组成的——两者都是由普通物质构成的天体，可是不发光。但现在有大量证据表明，这种看不见的物质肯定是由一种新形

会增加暗物质粒子被探测到或者在加速器中被制造出来的概率。

式的物质组成的，最有可能的是一种有待发现的新型粒子。

暗物质概念的提出，最初是用来解释整个星系团的大尺度动力学的。后来，进一步的证据出现自螺旋星系内恒星的运动方式——这些恒星就像一杯速溶咖啡表面没有溶解的咖啡粒，在搅拌后绕着中心旋转。在一个星系中，大部分恒星——你可能认为这就是大部分质量——集中在星系核心，于是，边缘的恒星就必须以较慢的速度围着中心旋转。但人们观测到，这些外围恒星的轨道速度高于预期，这表明一定额外存在着某些看不见的物质，它们延伸到可见物质之外，提供额外的引力来阻止外围恒星飞散。

暗物质也可以通过它对周围空间的弯曲看出。这种现象表现为，由非常遥远的天体发出的光线，在抵达我们望远镜的这一路上，会发生弯曲；要解释这种弯曲的程度，必须有额外的空间引力曲率，而这只能是由光线途经的星系中的暗物质引起的。

那么关于暗物质，除了它能提供这种必需的额外引力之外，我们还能知道什么？难道没有可能存在某种东西，它不像新型物质那么奇异，但又能解释上述现象？

实际上，一些天文物理学家认为，我们要是能修改远距离引力的性质，就根本没必要提暗物质。所谓“修正的牛顿动力学”（MOND）就是这样一种建议，表面上看它也很有吸引力。但是，虽然修正的牛顿动力学或其他修正广义相对论的相关假说可以解释一些观察到的效应，但还有很多是它们无法解释的。所有这些模型都无法使观测数据和星系团相匹配，尤其是相撞的星系团（如著名的“子弹星系团”）、宇宙微波背景辐射的细致结构、球状星团和不久前发现的那些小小的矮星系。

暗物质的存在，应该说对于解释早期宇宙的结构也有必要。普通物质通过和电磁场的相互作用保持自己的高能状态，与此相反，暗物质在宇宙的膨胀中冷却得更快，因此更早地在引力的作用下聚集起来。近年来天体物理学中一个最重要的结果，就是从星系形成的复杂计算机模拟中确认，只有宇宙确实含有大量的暗物质，我们才能解释宇宙的真实情况。要是没有暗物质，我们不会看到像今天这么丰富的宇宙结构。说得更直白一些：没有暗物质，大部分星系，进而恒星和行星根本不可能形成。这个令人瞩目的结论得到了数据的完美支持，这个数据显示深空温度有微弱的波动，那是非常年轻的宇宙在宇宙微波背景辐射上的印记。20 世纪 70 年代末，人们就认识到，宇宙微波背景中的这些波动尽管对播撒现今宇宙中的物质分布有帮助，但它们太过微弱，无法解释星系何以形成。暗物质帮忙提供了所需的额外凝聚力。这是 20 世纪末科学上的巨大胜利之一，当时 COBE 卫星 * 测得了这些波动，证实了此前的预言。自那时起，后续的太空任务用越来越高的精度绘制了宇宙微波背景中的这些皱褶，如在本世纪的头十年美国国家航空航天局（NASA）的威尔金森微波各向异性探测器（WMAP）任务，而后是 2009 年欧洲空间局（ESA）发射的普朗克卫星。

我们虽然可以确信暗物质的真实存在，但仍不知道它是由什么组成的。支持暗物质存在的证据越来越多，但我们还是没能查明它到底是什么，这真是让天体物理学人倍感受挫。如今大家一致认为，暗物质是由一种新型的重粒子组成的（“重”是以基本粒子的标准而言），到目前为止大部分的实验努力都聚焦在建造复杂的地下

---

* 即“宇宙背景探测者”（Cosmic Background Explorer），也叫“探险家 66 号”，是专门用于宇宙学研究的卫星，在 1989—1993 年间运行，其目标是调查宇宙中的 CMB 辐射。

探测器，以便在此类来自太空的暗物质粒子与探测器中的原子迎头碰撞时，捕捉到极其罕见的事件。迄今为止，这些日益复杂和灵敏的实验还没有给出任何信号。

然而，物理学家对于寻找暗物质仍然抱持着乐观态度。他们说，暗物质的现身方式很可能是缓慢移动的粒子，即所谓的“冷暗物质”。对于这些粒子可能是什么，不乏各种建议，还配有听起来很棒的名字如“轴子”“惰性中微子”“大质量弱相互作用粒子（WIMP）”“大质量引力相互作用粒子（GIMP）”等。很多人坚信，实验证据很快就会出现——但这样的话我们也已经说了好一阵子了。

这里我应该对中微子稍做说明，它一度是暗物质的主要候选粒子。我们知道这种粒子的确存在且数量庞大，但它们难以捕捉，质量极小，几乎不可见。你需要一光年厚的铅板，才有一半的可能拦住这些粒子。你或许可以说它们大约就是“暗物质”。但它们不会是我们要寻找的暗物质，因为它们非常轻，且以近光速运动——快到无法被束缚在星系之内，因而也无法解释星系的异常特性。由于中微子运动速度非常快，我们称之为“热暗物质”。

就好像暗物质这个尚未解决的问题对物理学家来说还不够大似的，我们现在还知道另一种充满宇宙的神秘物质，它在塑造宇宙的过程中起了关键作用。

暗能量

1998 年，天文学家止研究遥远星系中超新星的微弱光线，用它来计算那些星系因宇宙膨胀而离我们远去的速度。他们发现，与那些星系到我们之间的距离所提示的应有速度相比，它们远去的速度要更慢。由于从那些星系到达我们这里的光在宇宙年幼之时就出发了，它们的远去速度比预想要慢，就意味着宇宙在过去必定膨胀得更慢。所以，并非宇宙中所有物质——普通物质和暗物质——的引力减缓了宇宙的膨胀速度，而是其他东西在起作用，使现在的宇宙比过去膨胀得更快。

这种神秘而有排斥性的物质后来就被称作“暗能量”，是它对抗着引力，使空间越来越快地延展。根据我们目前的理解，随着空间继续加速膨胀，直至达到热力学平衡状态时冷却，暗能量最终会在数十亿年后导致所谓的宇宙“热寂”。但在真正理解暗能量的性质以及早期宇宙的特性（见下节）之前，我们不该匆忙推测宇宙的最终命运。从现在到那时还有很长一段时间，任何事还都可能发生！

直到几年前，我还会说，比起暗物质，我们对暗能量所知更少，但现在情况发生了变化。爱因斯坦的广义相对论方程中有一个量叫“宇宙常数”（用希腊字母 Λ 或 lambda 表示），它就符合要求。我们所谓的暗能量，最有可能是真空空间本身的能量，叫“量子真空”。我们已经看到万物如何最终归结为量子场。组成物质和能量的所有不同粒子，无论是夸克、电子、光子还是希格斯玻色子，都可以看作仅仅是这些量子场的局部“激发”——就像海洋表面的波浪。但是，你就算把所有粒子都从一定体积的空间中去除掉，也无法去除掉这个场。相反，我们说它处于基本状态，或说真空状态，但在这个真空中仍然会有“虚粒子”不断出现和消失，这些粒子为了存在下去，会从周围借来能量，但它们再次消失时又会同样迅速地把能量还回去。所以，说真空空间的量子真空态没有能量，就好比说平静的海洋没有深度一样。大洋表面之下的水，就相当于这里的暗能量——这就是宇宙常数 Λ。

但是，给暗能量一个数学符号，不等于我们就完全了解了它的性质。天文测量表明，宇宙常数具有某一个数值，但就像在标准模型中希格斯玻色子的质量那样，我们不知道它为什么是这个值。这个由来已久的物理问题被称作“微调”，其解决方案也很不令人满意。实际情况比这个还要糟糕：从量子场理论计算得来的真空能量，和从宇宙学测量中观察到的真空能量之间差异极大，使得这个问题成了物理学中最让人尴尬的一个未解难题——计算得出的值比观测值大了 120 个数量级，这就很荒谬了。

我们对宇宙模型的“最佳猜想”——相当于标准模型在粒子物理学中的地位那样——就是“含宇宙常数的冷暗物质模型”（ΛCDM 模型），它涵盖了我们目前对暗物质和暗能量的所有知识。而且，也像粒子物理学标准模型的松散联盟有更深刻的量子场论支撑那样，宇宙学的 ΛCDM 模型也有广义相对论的支撑。

大部分（但绝非所有）宇宙学家声称，要解释我们所见宇宙的性质，还需要 ΛCDM 模型中的另一个重要因素，就是“宇宙暴胀”，它为一个长期的问题带来了可能的答案，这个问题就是：宇宙和它所包含的所有物质及能量，最初是如何形成的？

暴胀和多重宇宙

正如在本书一开始就提过的，自人类有史以来，我们创造了许多关于宇宙起源的神话故事。今天，物理学就宇宙的发端给了大家一个去神秘化的解释，并用大量的观测证据来支持这个解释。但大爆炸本身有原因吗？是不是有某个东西，在一开始引发了宇宙的诞生？

最简单的回答是，大爆炸没有“之前”，因为是大爆炸标志着空间和时间的诞生。斯蒂芬·霍金和詹姆斯·哈特尔提出一个观点，叫“无边界”方案，它表示，随着我们回拨时钟，不断靠近大爆炸的时刻，时间会开始失去意义，逐渐变得更像一个空间维度。因此我们最终会在宇宙的原点得到平滑的四维空间。所以问大爆炸之前发生了什么是没有意义的，就像问南极以南在地表哪里一样没有意义。

但大爆炸模型本身还不足以解释我们今天看到的宇宙。尤其是两个困扰了宇宙学家半个世纪之久的问题。第一个问题叫“平坦性问题”，这又是一个微调问题，且和宇宙中物质及能量的密度相关：似乎有一个刚刚好的值，使空间几乎完全平坦。* 第二个问题叫“视界问题”：我们在太空中能看到的最远处可能只是整个宇宙的一小部分，宇宙中存在一个“视界”，超出它的范围是我们永远无法看见的，这个视界就标志着“可见”宇宙的边界。之所以存在视界，是因为宇宙并不是一直在近畔的，光要花一定的时间到达我们；另一个复杂因素在于宇宙正在膨胀，在某个距离，空间延伸的速度会快于光穿越空间的速度（就像在快速下降的自动扶梯上向上走）。

试想，一个星系在可见宇宙一端的边缘附近，而另一个星系则靠近相反方向的宇宙边缘。由于宇宙的膨胀，其中一个遥远星系的智慧生物可能完全不知道另一个星系的存在，因为从这个星系发出的光还没有到达他们那里，也永远不会到达。事实上，包含这两个星系的太空区域可能从未有过接触，也不可能交流过信息。这为什么会是一个问题？因为在我们极尽观测力所能看到的每一个方向上，宇宙看起来都是一样的。（在处于两端中间

---

* 我们很难对“平坦”三维空间进行图形化。最简单的方法是把我们对空间的想象限于二维。这样就很明显：一页书是平坦的，而球的表面不是。

的我们看来）这两个遥远星系就其物理属性、构成方式以及其中的物质结构而言，看起来基本相同。而如果它们在过去从未接触过，这又是如何可能的呢?

为了解决平坦性问题和视界问题这两个疑难，科学家在 40 年前提出了“宇宙暴胀”的概念。这个概念是这样的：宇宙在刚刚诞生的那一瞬间，由于另一个量子场，即“暴胀场”，它经历了一个短暂的指数级膨胀，在这期间，宇宙以极其惊人的速度扩大了约 10^{50} 倍。这个概念解决了微调密度的问题，我们今天看到的平坦时空由是产生，因为任何微小的弯曲都会被暴胀拉伸。

暴胀解决视界问题的方式更是有趣，它通常这么解释：宇宙中相去甚远的部分似乎从未有机会相互接触，进而也没有机会将彼此的物理特性同步起来；但其实，这些部分在一开始就有接触，是暴胀导致的空间急速扩张，让它们现在看起来彼此相距甚远，像不曾有过任何因果联系似的。

我说这是一个“通常解释”，但仔细想一下的话，把暴胀称作“急速”扩张，有两件事不太对头。首先，宇宙中相距遥远的部分靠在一起时，要能够彼此交换信息，必然要有较长的时间紧密地待在一起，而不能太快地分开。其次，我们在数学中提到“指数级”，意思是它一开始变化缓慢，然后加快速度（坡度变陡）。用这种方式来思考早期宇宙的暴胀更合适：宇宙一开始缓慢扩张，然后加速膨胀；接着在某一点，指数级膨胀变成所谓的“幂律”膨胀——不再加速，而是开始变缓——直到暗能量在宇宙发展的中途开始起作用，使膨胀再次加速。

当然，只是这么说，你不会知道为什么这个观点如此有吸引力，它又为何以及如何有效。所以，让我们花点时间来拆解它的意义。

要理解暴胀的机理，必须首先理解“正压”和“负压”的区别。设想你手持一个充了气的气球。气球内部的空气对气球内壁形成一个向外的压力。如果现在用双手挤压气球，你就要消耗能量把气球中的空气挤压到更小的体积，增加它的密度，而这股能量会存储在气球的空气分子中。现在，再设想一下相反的过程：松开双手，气球膨胀回原大小，里面空气的密度又变小了，储存在空气分子中的能量现在也必定落回原水平。* 因此，让气球

* 当然这能量不会回到你手臂的肌肉里，而会以废热的形式消散到气球周围。

内部体积扩张，其能量就会减少。这就是有“正常”正压的情况：膨胀会失去能量。

但如果气球里充的是一种性状相反的不寻常物质，又会怎么样？在体积膨胀时，它的密度没有下降，而是保持不变，单位体积的能量也保持不变，于是它的总能量是增加了的，那会怎么样？这就是我们所谓的某物有“负压”——气球内空气能量的增加，不是在挤压气球的时候，而是在气球膨胀的时候。日常世界中与此最接近的例子是橡皮筋：把它拉长，就会给它注入更多的能量。

这正是暴胀场填充空间时的情况——它就像橡皮筋似的，也具有这样的特性：每次空间体积翻倍，它的总能量也翻倍，从而保持场密度恒定。因此，是暴胀场把能量给了宇宙，就像你拉长橡皮筋时，也把能量给了橡皮筋。

这里你怕是要问两个问题。第一，为什么暴胀场会引起空间的膨胀？毕竟橡皮筋不是自发地拉伸。第二，就算暴胀场会产生能量，这个能量又源自何处？两个问题都能在广义相对论的方程中找到巧妙而合乎逻辑的答案——对此你一定并不吃惊吧。

爱因斯坦的场方程告诉我们，引力可以由质量和能量引起，也可以由压力引起。所以，某物如果带正压，像气球中的空气分子那样，就会引发常规的吸引性引力；而如果带负压，就会引发相反的东西，即“反引力”，它会将一切推开而非拉近。暴胀场有这样的特性，其负压（或反引力）的排斥效应大于其能量产生的吸引性引力，因此导致了空间的加速膨胀。

至于暴胀场的能量一开始从何而来，答案是：从它自身的引力场借用而来。试想山顶有一个球，如果它往下滚，则它蕴藏的势能就可以转化为动能。而球在山脚时没有势能，在地洞中则有负的势能（因为把球抬高回地面需要给球施加能量）。起初我们的宇宙似乎没有空间也没有能量，是一阵“量子涨落”导致了它从引力能的“斜坡”上“滚落”下来，并在滚落过程中获得正能量；随着落入引力谷越来越深，它的负引力势能也越来越大（见图 5）。宇宙学家把这种无中生有的现象叫作“终极免费午餐”。对于“宇宙中所有的物质和能量一开始都是从哪里来的”这个问题，以上的回答非常巧妙。

要理解为什么引力能是负的，我们还有一种办法，请思考下面的例子：我们从两个相距无限远的有质量物体开始，这时二者间的引力能为零。它们在彼此靠近时，会渐渐获得引力，但这个引力能是负的，因为需要输入正能量才能使二者重新分开，回到初始的无能量状态。

当暴胀结束时，暴胀场的能量衰减成普通能量，进而凝结出我们今天看到的所有物质。宇宙创造其内部的物质，凭借的是从自身的引力场借来的能量——这就是创世叙述的终点。

但我们不能仅仅因为暴胀理论能解决宇宙学中的这些问题，就认为这个理论是正确的。虽然大部分宇宙学

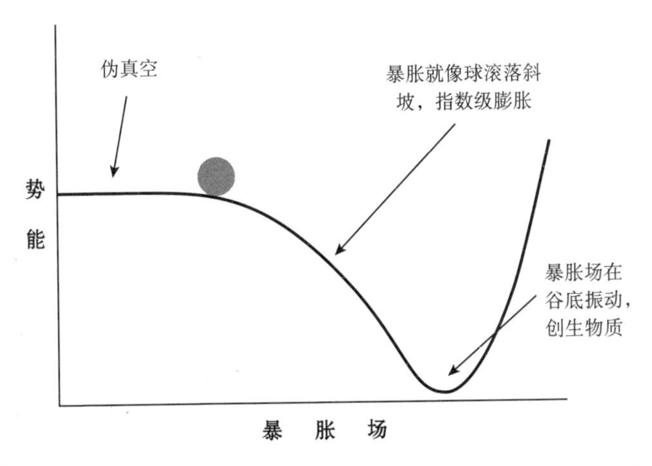

图 5　暴胀　宇宙通过“滚落”引力势能的斜坡获得正能量（由此产生所有的物质），在此过程中宇宙不断膨胀。

家赞同这个理论，但也有些人并不认同，其中确实还有一些细微的问题没有得到解决。其中一位批评者，就是霍金的长期搭档罗杰·彭罗斯。他自己提出了不同于暴胀理论的模型，叫“共形循环宇宙学”（CCC），根据这个模型，宇宙经历着无限系列的世代，每个世代都始于一个类似于大爆炸的阶段；在每轮循环结束时，甚至在黑洞蒸发以后，剩下的只有热辐射，而彭罗斯推测，这种辐射就类似于大爆炸刚刚发生之后，充斥整个宇宙的高能辐射。就这样，他把宇宙早期的低熵和末期的高熵巧妙地联系了起来（什么也逃不脱热力学第二定律），从而让一个世代的结束和下一个世代的开始首尾相连，并认为一切会在一次新的大爆炸中重新开始。可以说，这个方案比暴胀理论还要更有争议。

我们既然已经深陷猜想之中，何妨更进一步？目前宇宙学中的流行观点是“永恒暴胀”。在这种图景中，我们的宇宙就是一个小泡泡，处在一个更高维的无限空间之中，这个空间叫“多重宇宙”，它永远在暴胀。在这种图景中，创造我们这个宇宙的大爆炸只是138.2亿年前的一次量子涨落，此次涨落在这个永恒暴胀的空间中创造了一个泡泡。这个泡泡中的空间就是我们的宇宙，它停止了暴胀，减缓到以一个更为镇定的速度膨胀，而外面的多重宇宙还在继续拼命暴胀。因此，并不是大爆炸之后发生了一段非常短暂的暴胀，而是要反过来看：我们这个大爆炸，标志着我们这部分多重宇宙暴胀的结束。

而且，永恒暴胀预示着，多重宇宙中还有其他的“宇宙泡”，很可能有无穷多个，所有这些宇宙都永远地彼此分离，并被不断膨胀的暴胀场快速驱散开来。

这个想法有一个额外的好处，对许多宇宙学家来说颇有吸引力。前面我提过，物理学家不喜欢微调，因为某些物理量之所以是那些值，并无根本原因。但看到一批最基本常数的取值对于我们这样的宇宙来说恰到好处时，这就到了关键之所在。假如引力稍弱一点点，各种星系和恒星就不可能形成；假如电子的电荷稍大一些些，原子就会坍缩，复杂物质就不会存在。永恒暴胀的多重宇宙论正回答了这个问题：为什么我们的宇宙调得如此精到，能适合恒星、行星乃至生命的存在？答案是，所有可能的宇宙泡都可以存在，所有的宇宙泡都服从相同的物理规律，但是每个都有自己的一套基本物理常数。我们恰巧在一个适于生命涌现出来的宇宙泡中——想想这有多么幸运吧。

为了避免混淆，我要在此处做一补充：这里提到的宇宙泡，和量子力学“多世界”诠释中的平行现实不是一回事，这种诠释是基于测量量子世界会有多种可能结果得来的。永恒暴胀理论中的宇宙泡并不是平行、交叠的现实，而是完全相互独立的。

在继续讲下去之前，我想再补充重要的一点。我们可能会想，我们的宇宙就大小而言是否无限（即便我们看不到视界之外）——这很有可能。那么无限的空间如何能装进一个有限的宇宙泡，和其他宇宙泡一起飘浮于多重宇宙中呢？答案相当怪：对于在宇宙内部的我们而言，宇宙可能在空间上无限，而在时间上有限，但这是因为我们身在自己的宇宙泡中，于是有一种扭曲的时空观。而从“外部”看，我们的宇宙似乎是空间有限而时间无限的存在（见图 6）。这是理解无限空间如何装入有限空间内的巧妙办法（但很抱歉，从概念上理解起来确实费劲！）。

信息

有一个话题，可以把基础物理学的三大支柱，即量

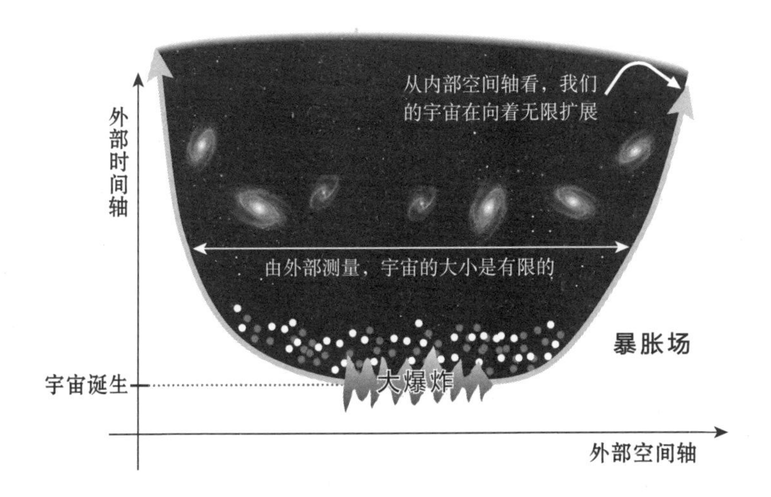

图 6　无限的空间如何装入有限空间?　　对我们这个宇宙的两种观察：从“外部”看，它总归有一个有限的体积，但对于身处这个时空内部的我们而言，空间轴是弯曲的，所以它沿着时间轴指向无穷远。对我们来说，好像所有的时间都一致地给出了一个无限的空间范围。

子力学、广义相对论和热力学都结合起来，但这个话题我还未多涉及，它关系到信息在物理学中的作用。现在人们认识到，信息不只是抽象的概念，实际上它是可以被精确量化的。长期以来有一个难题，是由斯蒂芬·霍金首次提出的：就比如，要是你把正在读的这本书丢进黑洞，那么信息会发生什么变化？这本书当然会永远丢失，但它所含的信息呢？这里我指的是书里写成文字的物理学信息，这是重构这些文字所需要的。我们知道，量子力学告诉我们：信息无法毁掉，定会永久保存。* 霍金描述了黑洞如何慢慢蒸发，在所谓的霍金辐射中失去能量；而量子力学告诉我们，原则上，这种辐射携带着被黑洞吞噬掉的所有信息，包括重构本书所需的信息。我们对此是确信的吗？同样的，只有最终的量子引力理论才能解决这个问题。

数学上对黑洞的研究也导向了如下发现：一定体积的空间所能存储的信息的最大量，不是像预期那样和空间的体积成正比，而是和这一空间的表面积成正比。这个概念后来被叫作“全息原理”，并且越发被证明是理论物理学中的一个强大工具。根本而言，它的产生是因为信息和能量之间有深刻的联系。在一定体积的空间中存储的信息越多，它的能量也会增加得越多。而能量又等同于质量，这就意味着这一空间的引力场也会加强，直

---

* 所以如此，是因为根据量子力学，时间是可逆的。因此，正如一个当下的量子态会唯一地决定一种未来的状态，一个未来的量子态也应该能唯一地决定一种过去的状态。但如果包含在这种状态中的信息被毁，这就不可能了。

到它坍缩成一个黑洞。全息原理表示，所有的信息都将被编码在黑洞的事件视界上。人们认为，甚至对于描述整个宇宙所需的信息，这一想法也适用。在连接物理学三大支柱理论上，信息的作用很可能变得愈加重要。

ER=EPR

2013 年，两位领军级物理学家胡安 · 马尔达西那和莱昂纳德 · 萨斯坎德提出了一个观点，它未来可能给引力和量子力学的统一提供一个新的思路。尽管要判断他们是否正确还为时尚早，但这个观点太有吸引力，我一定要顺便提一下。这个观点可以简单地表述为 ER=EPR，它表明，在时空中，量子纠缠（两个粒子跨越空间的连接）可能和“虫洞”有深刻的联系。但请注意，虽然这里用了“=”号，但 ER=EPR 不是一个代数等式（否则你可能希望在等式两边都消掉 E 和 R，只剩下 P=1，可这就没意义了）。这三个字母，是两篇经典论文的三位作者（爱因斯坦、波多尔斯基和罗森）姓氏的首字母，这两篇论文发表于 1935 年，前后只相隔了几周。

在 2013 年之前，科学家们都认为这两篇论文毫不相干。ER 指爱因斯坦和纳森 · 罗森，他们提出，两个黑洞可能通过在我们的维度之外的隧道相连接，这是从广义相对论的数学中形成的观点。EPR 则是指 ER 两位和鲍里斯 · 波多尔斯基一起发表的第二篇论文，在这篇论文中，他们概述了对量子力学中的纠缠概念的疑虑——爱因斯坦称之为“鬼魅连接”。马尔达西那和萨斯坎德的新建议认为，虫洞和纠缠这两个深奥的观念，有可能其实是同一个现象。时间会告诉大家他们的路径是否正确。

物理学的危机?

未来，我们是会达成对现实的完全理解，还是永远会像剥洋葱似的一层又一层地不断揭示更深层的真相?后一种情况到目前为止倒确实如此。我们先是发现万物皆由原子组成，然后发现这些原子本身又由更小的部分组成——电子围绕着致密的原子核运行。后来，我们探看原子核内部，发现它也有着更小的构件：质子和中子；这后两者再由更小的夸克组成，而夸克本身又是能量场的表征——或者还有可能是更高维度中更微小的振动的弦。这个过程有尽头吗?

一些理论物理学家被他们那些美丽的方程迷住了，还在辛勤耕耘，并设想出越发离奇的观点，这些观点要通过实验来证明也变得日益困难，而只能从其解释力和数学层面的优雅性来评判——我同意这些是重要的评判标准，但不是验证科学理论的传统衡量标准。所以，我们不该为已经走了多远而沾沾自喜，而应该考虑我们是否已经远远偏离了物理学的道路。

2012 年，人类在大型强子对撞机（LHC）中发现了希格斯玻色子，2016 年美国激光干涉引力波天文台（LIGO）的设施又检测到了引力波，一想到这些已获广泛报道的发现，很多物理学家肯定会争辩说，过去这几年对基础物理学来说实在是极为激动人心。可真相是，这两个观测发现尽管很重要，但也“仅仅”是确认了理论家们很久以前做出的预测——希格斯玻色子是 50 年前的预测，对引力波的预测则早在整整一个世纪前。我知道这么说颇有点儿不屑一顾的样子，我也不是想贬低数千位实验物理学家和工程师取得的卓越成就，他们在这两个非凡的发现中都贡献不小。我说“仅仅”，意思是没有多少物理学家当初想到我们有一天能用实验确认这些预测。以希格斯粒子的例子来说，虽然这个发现在次年带来了诺贝尔物理学奖，但这个奖授予的是在20世纪60年代做出这项预测的理论物理学家，而不是做出这项确证性观测的实验者。

我想在这里，我应该更仔细地区分发现希格斯玻色子和探测到引力波这两个情况。前者绝不是一个意料之中的结论，许多物理学家，包括霍金在内，在2012年之前都曾怀疑这个粒子的存在。相反，引力波是完全被预料到的，因为它不仅为广义相对论所预言，而且许多年前已经在脉冲双星（相互绕对方做轨道运行的一对中子星）的行为中被间接观测到了。

回顾过去30年，思考基础物理学取得的一些令人激动的突破和发现，如顶夸克、玻色-爱因斯坦凝聚、量子纠缠、中子星并合、太阳系外行星等，我可以说，所有这些都不是完全出乎意料的。事实上，物理学在这30年间只有一项发现真正具有革命性，那就是1998年提出的暗能量，当时，首先发现相关证据的天文学家乃至所有宇宙学家都为此震惊。除此之外，言及在基础物理学中最极端的尺度（量子及宇宙尺度）之下对理论和模型的检验，就全无实验方面的成果。我在本章探讨的许多观点和猜想性理论很有可能是正确的。但需要指出的是，我们在过去用来证实或证伪科学理论的传统类型实验，在将来不太可能让人对它们的可靠性有足够的信心了。

在 2010 年首次开始运行时，LHC 还只是全世界一长串粒子加速器中最新的一个，近百年来，这些粒子加速器一直在让亚原子物质以越来越高的能量相互撞击。对于 LHC，物理学家们曾等待许久，并对这台机器寄予厚望，希望它能帮助他们解答一系列悬而未决的问题，并从标准模型中排除不确定性因素。但最主要的是，科学家把这台机器描绘成能找到希格斯玻色子的加速器，而它果然做到了——这自然是一项大成功，也证明了对这个项目的巨大投资是正确的。但自那以后，新发现再未出现，也有越来越多的人因此感到挫败，这些人中既有嫉妒 CERN 能得到那么多拨款的其他领域科学家，也有急切希望证实自己的最新预测的理论物理学家。

那么发现希格斯玻色子这件事本身呢？关于物质的性质，它让人们有了什么新的洞见？值得注意的是，希格斯玻色子仅仅是一种粒子表征（激发），表征的是更为基础的希格斯场：这是另一种弥漫于整个空间的量子场，也是标准模型的一个重要组成部分，因为其他粒子正是凭各自穿过希格斯场的方式而获得的质量。例如，如果没有希格斯场，弱核力载力子 W 及 Z 玻色子就不会有质量，而会更像它们的兄弟——没有质量的光子。但 W 及 Z 玻色子又确实有质量，而希格斯机制正可以解释它们是如何获得质量的：通过它们与希格斯场的相互作用——光子是不会这样与希格斯场相作用的。希格斯场存在的最终证明不是直接探测到的，而是通过创造转瞬即逝的场量子，即希格斯玻色子，间接得到的。

发现希格斯玻色子，是一项意义非凡的成就。但其实，这只是在完成"规定动作"。希格斯场被添到标准模型之上，这个模型于是将来还能再战。希格斯玻色子的发现在基础物理学领域并没有打开多少新局面，因为它没有让我们的理解超出物理学家已经知道和预期的范围。标准模型仍然是一个让我们了解物质构件的调和框架，但它不是一个完全连贯一致或有预测力的统一理论。

LHC 最近一次运行是在 2018 年 12 月结束的，从这次运行来看，它当然还有大量的数据等着筛选，因此，一旦所有数据都分析好，我们仍有可能发现新的内容。不过现在的情况依然是，还有一系列未解的问题需要回答，要做到这一点，我们可能要放眼 LHC 之外。这些问题包括：为什么引力比其他几种力弱这么多？为什么只有三代夸克和轻子？希格斯玻色子自身的质量又来自何处？而所有未解问题中最迫切、因此也最让人泄气的大概是：我们能否为超对称找到证据？

只是因为我们**想要**让超对称成为真的，并不能让它成真。当然这个概念解决了许多问题，也提供了有用的见解。它也很简洁，符合逻辑，审美上令人愉悦。但找不到超对称的实验证据越久，我们就会越沮丧。同时，超弦理论的批评者也在抱怨说，这个领域还会继续吸引最聪明的头脑，因为它能提供工作机会。年轻的研究者觉得追随他们教授的脚步是更安全的，他们担心如果不这样做，会失去资助和职业前途。与此同时，大学里的物理院系为争夺稀缺的资源，把弦论研究当成从事物理学前沿工作的便捷途径。但只要进展依旧缓慢，没有出现新的实验证据支撑该领域研究者的努力，那么反对的声音就会越来越大。

有人可能会争辩说，如果超对称是正确的，那么我们现在应该很可能已经在 LHC 中发现了证据。最简单的超对称模型（名为“受限最小超对称”）看来已经是不大可能了。但这不意味着我们现在就要完全放弃这个理论——可能只是找错了地方。毕竟这不仅仅是弦理论家的愿望，更多“务实”的粒子物理学家同样想知道大自然是否是超对称的。超对称能让我们理解量子色动力学所描述的电弱力和强核力间的关系，也把物质粒子和载力粒子联系在一起，甚至能解释为什么希格斯玻色子具有质量。但解决所有这些问题也有其代价：超对称预测了一大堆新粒子的存在，而这些粒子还没有发现。

当然我得说，如果超对称是真的，会有一个额外的好处：在这些尚未发现的超对称粒子中，最轻的那种，符合对暗物质组成要素的描述。

乐观的理由

理论物理学家没有只是坐等做实验的同行传来消息。他们醉心于自己推导出来的了不起的数学方程，来不及等一下他们的同行，便奋勇前进了。20 世纪 90 年代中期，爱德华·威滕提出了最新一种弦论（M 理论），此后没多久，胡安·马尔达西那就在 1997 年提出了一个强有力的新观点，名为“规范 / 引力对偶”（技术化的名称是“反德西特 / 共形场论对偶”，AdS/CFT），它描述了弦论中的弦如何与描述三种量子力的场理论相联系。

这一数学观点此后得到了更为一般化的发展，用于解决理论物理学其他领域中的问题，如流体力学、夸克–胶子浆、凝聚体等，而马尔达西那的论文也成了现代理论物理学中最重要的论文之一，至今在同行评议的论文中已被引用了 1.7 万次以上。

像规范 / 引力对偶这样有力的观点，使许多物理学家相信弦论是正确的道路。但即使后来发现这个理论不是正确的量子引力论，它所做的工作也为物理学家提供了一套有用而精确的数学工具，向我们展示了至少确实存在一种方法，可以把量子力学和广义相对论协调地结合起来，从而给了我们“统一理论工程”原则上还有可能的希望。但实际情况仍然是，弦论或规范 / 引力对偶并不会仅仅因为数学非常漂亮，就成为正确的理论。

那么，最终的答案会来自哪里？可能来自弦论，或者黑洞研究，也可能来自那些研究量子信息论并企图建造量子计算机的人，甚或是凝聚态理论。相似的数学形式能应用于所有这些领域，这一点正变得越来越清晰。毕竟，在寻找正确的量子引力理论时，我们甚至可以不必将引力量子化。或许，试图**强行**把量子场论和广义相对论结合起来是错误的路径。某些证据表明，量子场论可能已经包含了弯曲时空的本质，而广义相对论可能比我们认为的要更接近量子力学。

大家都很想知道，在本章提到的这么多观点和理论中，哪些会被证明是正确的，哪些又会被扔进错误科学的垃圾堆。对我个人而言，物理学中最大的未解问题，也是困扰我整个职业生涯的一大问题是：正确的量子力学诠释是怎样的？我在第 5 章触及了一些候选观点，并提到对许多物理学家来说，这个问题其实应该由哲学家来处理，因为它并没有阻止量子力学的应用或者减缓物理学的进步。但越来越多的物理学家，包括我本人，把量子力学的基础看作至关重要的一个领域，并猜测长期存在的诠释问题一旦解开，将最终导致新的物理学产生。这个问题甚至可能牵连着基础物理学中的一个或多个其他未解问题，如时间的性质或最终的量子引力论。

这些问题有时候看起来极难解决，所以如果最终需要高级人工智能来帮我们，我也不会感到惊讶。或许我们发明的某个 AI 程序将会演进成下一个牛顿或爱因斯坦，那么我们就也必须要接受：微小的人脑还没有聪明到单靠自己就能理解现实的终极本质。*

本章中，我集中讨论了物理学的未来，考虑的主要是数学物理学以及在极小和极大尺度下的物理学。但这样合理吗？这些就是物理学真正的前沿领域吗？物理学中的进步不全是努力看得更小或更远——就大小和能量而言，日常尺度同样很有吸引力。实际上，论及21世纪物理学如何改变我们的生活，真正激动人心的，是在像凝聚态物理学、量子光学这样的领域，以及物理学和化学、生物学及工程学交叉融合的领域。因此，我在这里虽然不去深入探究这些话题中的某几个，但会以它们为例来说明物理学在技术上的应用如何形塑了我们的世界。在下一章，我将探讨物理学事业中的这些——如一些人所言——较为“有用”的方面。

---

* 也许人工智能会告诉我们，答案确实是42。

09

物理学的用处

无论阅读本书的你此刻人在何处，请看一看周围。我们人类之所以有可能创建如此多的东西，完全要归功于我们能够理解大自然的法则，即塑造我们世界的各种力，以及受它们作用的物质的性质。因此，要列出物理学的所有应用——即现代世界的全部特征，它们皆是从物理学家数百年来的发现中形成的*——是不可能的，而我将只关注两个话题。第一个话题是，物理学如何奠定了其他的纯理论及应用性学科，如何与其他学科交叉乃至融合，以及它在许多振奋人心的新型跨学科研究领域

* 当然，我不是说这些知识和理解全然出自物理学家的工作；假如我写的是化学、工程学或数学的内容，我也可能做类似的声明。

中又继续发挥着怎样的作用。第二个话题是简要展望一些必将从当前物理学研究中产生的新应用，特别聚焦于新量子技术那让人激动不已的前景。

本书读到这里，你大可以认为，物理学家痴迷于统一支配大自然运行方式的数学原理固然很好——这证明了人类为理解宇宙，有百折不挠的进取心——但这又怎样呢？当然你也可能认为，希格斯玻色子的发现对我们的日常生活不会有任何直接影响，众所期盼的量子引力论也无助于消除贫困和疾病。但这不是看待事物的正确方式。由好奇心驱动的基础科学研究一次又一次地引领了科技进步，彻底改变了我们的世界。大多数物理学研究者，尤其是学术界人士，一般不是被其研究的潜在应用机会所激励的；回顾一下科学中各种后来被证明有实际好处的伟大发现，你会看到，其中许多发现都只是出于科学家想了解世界、满足好奇心的强烈欲望。

让我们看一下物理学和工程学之间的浅显对比。机械工程或电气工程的学生，学的许多科目和物理学学生一样，如牛顿力学、电磁学、计算科学，以及解决某些类型的常见方程所需的数学方法。实际上，许多应用物理学家最终会从事工程行业，这进一步模糊了两者的边界。但一般而言，物理学家会问“为什么”及“怎么样”这类问题，以揭示支配自然运作的基本原理；而工程师通常并不受这些深层原理的激励，只是把自己的理解付诸实践，来建设一个更美好的世界。物理学家和工程师都是解决问题的人，但是他们寻求解决方案的动机不同。

仅举一个具体的例子，卫星导航系统（美国的 GPS 是过去几十年来最重要的一种）在工程上的巨大成功清楚地证明了纯物理学研究的价值：它奠定了工程学。GPS 类的系统如今是我们生活中不可或缺的一部分，没有它们我们就无法生活。我们不仅理所当然地认为再也不会在世界上陌生的地方迷路，而且已经能通过 GPS 从太空俯瞰我们的地球，把它非常详细地描绘出来，从而能够研究地球气候的变化方式、预测自然现象及协助救灾。将来，全球定位卫星将和 AI 系统连接，改变交通运输、农业和许多其他行业。要是没有基础物理学研究得来的知识，GPS 就不可能实现。例如，我们需要星载原子钟来保证我们精确定位这些卫星，从而确定我们在地面上的位置；这些原子钟之所以能运作，是因为工程学必须考虑到原子振动的量子属性，以及对时间流速的相对论修正——如爱因斯坦的理论所解释的那样。

物理学和工程学交叉的技术例证数不胜数，它们改变了我们所知的世界。工程师也不是物理学家有长期紧密合作关系的唯一人群。如今，许多物理学家和来自其他许多学科的科学家共同研究，这些学科有医学、神经科学、计算科学、生物工程、地质学、环境科学、空间科学等。你还会发现，物理学家把他们在逻辑方面、数字方面和解决问题方面的技能运用到了科学以外的行业中，范围从政治到金融业，非常广泛。

物理学、化学和生物学的交汇

纵观整个科学史，物理学总是和化学这一姊妹学科颇有交叠。史上一些最伟大的科学家，其实既是物理学家又是化学家，最著名的例子就有迈克尔·法拉第。不仅是化学，在生物学中，物理学所起的作用也有一段神奇的历史。物理学家共同体对各种生物学问题有非常广泛的兴趣，他们的工作促成了一个很活跃的研究领域：生物物理学。但生物物理学是物理学的一个分支，还是仅仅把物理学的方法运用到生物学的问题上？甚至这样的区分重要吗？如果物理学终归是化学和化学反应过程的基础，而生命机体内部的现象本身又不过是复杂的化学反应，那么结果必然是物理学是生物学的核心。毕竟万物无论是否有生命，最终皆由原子组成，都要遵从物理定律。

在努力发掘和确定掌控着生物机制的各种基础原理的过程中，物理学家习惯性地问道："生命和非生命既然成分相同，那二者的区别又是什么？"这个问题的答案根植于物理学：生命能将自身维持在某种远离热平衡的低熵状态，能存储并处理信息。因此这让人觉得，要完全理解生命的特殊之处，还得靠基础物理学。在写下这些内容时，我能想象从事化学和生物学研究的同事如何对物理学家这种典型的自命不凡翻起白眼。而另一方面，20世纪分子生物学和遗传学的许多初期进展又确实是物理学家取得的，如利奥·西拉德、马克斯·德尔布吕克和弗朗西斯·克里克。尤其是克里克，他（与詹姆斯·沃森及罗莎琳德·富兰克林一起）发现了脱氧核糖核酸（DNA）的双螺旋结构，就是受了另一位物理学家埃尔温·薛定谔的巨大影响，薛定谔在1944年出版的名著《生命是什么？》至今仍有重要意义。

在应用层面，从X射线衍射到磁共振成像（MRI）

扫描仪，各种技术都用于对活体的检测，而对于其中许多技术的发展，物理学家都起了关键作用。甚至不起眼的显微镜，也是物理学家发明的，生物实验室缺了它就无法运转；这多亏了对光的性质以及透镜如何折射、聚焦光线的数百年研究，这些研究集成到了17世纪安东尼·列文虎克和罗伯特·胡克的工作中——两人都用显微镜研究有机体。实际上，回顾胡克在科学上的诸多贡献，我们不难发现，以今天的标准来看，与其说他是一位生物学家，不如说是不折不扣的物理学家。

过去20多年来新出现了这么一个研究领域，也是我本人很感兴趣的，叫“量子生物学”。前面我说，所有的生命归根到底皆由原子构成，因此就像宇宙中的其他一切事物一样，在基本层面也要遵从量子世界的规则，这当然是一个给定的前提；但量子生物学这个新领域不应和我前面说的这些相混淆，它会涉及理论物理学、实验生物学和生物化学的最新研究，这些研究表明，量子力学中一些非常有悖常理的观念，如隧穿、叠加、纠缠等，可能在活体细胞内发挥着重要作用。针对酶的作用原理或者光合作用过程的关键实验，似乎也需要量子层面的解释。这对许多科学家来说是一个巨大的意外，他们认为，如此精微、怪异的量子行为，对生命的运作机制不会有影响，其中一些观点还悬而未决。但别忘了，生命已有近40亿年的演化史，它能找到对自己有利的所有捷径。如果量子力学能让某一个生化过程或机制更高效，那么演化生物学就会加以利用。这不是什么魔法，这就是——物理。

量子革命还在继续

在20世纪（和21世纪之初），量子力学无疑已经对我们的生活有了深刻的影响，尽管它作用的尺度远远小于人类感官的觉察限度。由于对亚原子世界的描述如此成功，量子力学不仅构成了物理学和化学的基础，还构成了现代电子学的基础。比如，量子力学的法则解释了电子在像硅这种半导体材料中的行为，而掌握这些法则，就奠定了今日技术世界的基础。要是不理解半导体的特性，我们就无法研发出晶体管以及后来的微芯片和计算机。如今我们人手一部手持超级计算机（智能手机），缺少了它，我们很多人会完全不知所措，而智能手机充满了各种电子魔法，若没有对量子力学的认识和应用，这些魔法都不可能实现。许多我们熟悉的家用电器也是同样的道理，从电视机、游戏机，到 LED 灯、烟雾警报器；当然还有互联网。实际上，整个电信行业都依赖量子力学在技术上的应用，像是激光和光放大器这些。缺少了量子力学的应用，当今的医院就无法运行，无论是 MRI、正电子发射体层成像（PET）、计算机体层成像（CT）还是激光手术，都无法实现。

而量子革命还只是刚刚开始。未来数十年，我们将见证许多新的技术奇迹从当前的量子物理学研究中涌现出来，如智能材料和拓扑材料。以石墨烯为例：它是单层碳原子以六边形晶格状排列的。根据其造型及受控方式，石墨烯可以用作绝缘体、导体乃至半导体。

不仅如此，新近研究显示，把两层石墨烯以某种角度互相“扭”在一起，置于低温和外加弱电场等特定条件下，则可以用作“超导体”，电流通过它时不会有任何电阻——这又是一种量子现象。这种名为“转角电子学”的技术，有望催生一系列电子设备的发明和应用。

还远远不止这些，当前正在研发的新一代设备和技术，将在我们有生之年变得随处可见——这些设备能以崭新的方式利用量子世界里的机窍，从而创造、掌控物质的一些特殊状态。一些领域如量子信息论、量子光学和纳米技术的进步，会使我们研发出一系列这样的设备。例如，高精度的量子重力仪将来能勾勒出地球重力场的细微变化，这样地质学家就能对新的矿藏或路面下的管线进行定位，工人们在需要找到这些矿藏或管线时，能最大程度地少受阻碍；量子照相机上的传感器能让我们看到障碍物后面的东西；量子成像能对脑部活动进行非侵入式绘制，并有可能解决像痴呆这样的病症；量子密钥分发（QKD）能让我们安全地进行异地信息交换；量子技术同样能帮我们造出人工分子机器执行大量任务。

医学尤其是一个好例子，在未来几年中，量子世界很可能对这个领域形成重大影响。来到比活体细胞更小的长度下，我们将看到一系列壮观的新技术正在形成，如某些纳米粒子，它们有独特的量子特性，因而能附着在抗体上协助治疗感染；或者被“编程”为只在癌细胞内部复制，甚至在细胞内部拍摄图像。还有量子传感器，它能让测量的精确度大大提升，并有助于对单个生物分子进行成像。在量子计算机（我会在下一节讨论）的帮助下，我们应该能以远超以往的速度对DNA进行测序；一些涉及搜索关于我们健康各方面的“大数据”，一直到分子层面的任务，也能借量子计算机完成。

这里我特意精选一些例子，因为在通信、医疗、能源、运输、成像和传感等领域，将会产生成千上万个技术和工程上的进步，这些都要归功于物理学。但还有一个领域，值得进一步展开讨论。

量子计算机和 21 世纪的科学

如果你对上个世纪的量子革命感到印象深刻，那么就等着看在 21 世纪剩下的日子里会发生什么吧。这些进步不仅会给我们带来新的智能玩具——像有些人说的那样只是让我们的生活更加复杂；它们将帮助我们解决人类面临的一些最大挑战，并以至今无法想象的方式变革我们的世界。毫无疑问，未来最让人激动的一项物理学应用，就是量子计算机。这种设备会和常规计算机非常不同，可以应用于一系列今天即使最强大的超级计算机也无法完成的任务。特别是如果能结合人工智能领域的进步成果，量子计算机则有望帮人类解决科学中很多最困难的问题。

量子计算机直接依赖于量子世界中很是有悖常理的

特征。在经典计算中，信息是以“比特”（bit，表示二进制数字）的形式存储和处理的。单比特的信息可以是0或1两个值中的一个。每个电子开关以或开或关的物理形式来表示一比特信息，而电子开关的组合则被用来制造“逻辑门”这种逻辑电路的基本单元。与此相反，量子计算机是基于所谓的“量子比特”（qubit）运作的，它不限于只处于这种二元状态中的一种，而是，一个量子比特能处在同时是0和1的量子叠加态中，由此可以存储更多的信息。

量子比特最简单的例子就是一个电子的量子自旋相对于外加磁场，可以同向平行（称作“上”自旋），也可以反向平行（“下”自旋）。若再施加一个额外的电磁脉冲，就能把电子的自旋从同向平行（0）翻转为反向平行（1）。但因为电子是量子粒子，电磁脉冲也能让它同时处于上自旋（0）和下自旋（1）的叠加态。两个相纠缠的电子可以同时处于四种可能量子态的叠加中，即00、01、10和11。运用更多的量子比特，就可以开发出复杂的量子逻辑电路。

多个量子比特纠缠在一起时，它们能相干地行动，因此可以同时处理多个选项，这使得它们比经典计算机强大、高效得多。但要真正造出这种机器，还有一些问题要解决。量子纠缠的状态极其精微，只能在特殊的条件下保持很短的时间。困难不仅在于要把这些状态与其周围环境相分离并保存下来，这其实会破坏量子相干性；还在于要能控制量子比特所处理信息的输入和输出。纠缠的量子比特数量越大，这就越难实现。计算一旦完成，还要从处于量子比特叠加的各个可能的最终状态中选出一个，并将其放大，以便用（经典的）宏观装置来读取，而在计算实现（implementation）的过程中，这还只是许多尚未解决的问题之一。

尽管有这些困难，当今世界上的许多研究型实验室还是在为造出第一台真正的量子计算机而展开竞争。不过是几年前，那时我们甚至还不清楚这样的机器是否有可能造出；如今，研究者们说的则是在未来十年二十年内实现自己的梦想，而雏形阶段的原型机已经存在了。目前制造量子计算机有一系列不同的方法，我们还不清楚哪种会最为切实可行。一般而言，要创造量子比特，可以基于任何能表现出量子行为并纠缠在一起的亚原子粒子（如电子、光子），或是悬浮在电磁场中的离子，激光束捕获到的原子，甚或是特殊的液体和固体——其原子核的量子自旋可借 MRI 探得。

计算机巨头 IBM 和谷歌目前正在参与这场制造第一台真正的量子计算机的竞赛，但迄今为止，两家还都造不出稳定的、可持续足够久的多量子比特系统，好让量子计算切实可行。很多较小的初创公司也在研究这个问题，有些致力于稳定性问题，另一些则努力增加纠缠的量子比特的数量。不过大家正在取得进步，我完全相信，在我的有生之年，量子计算的普及会成为现实。

有必要指出，构成挑战的不仅是硬件的设计。量子计算机还需要运行专门的软件，而量子算法还很匮乏。最有名的例子是“舒尔因式分解算法”和“格罗佛搜索算法”。人们已经证明，这些算法能让量子计算机以某些惊人的方式超越经典计算机；它们绝不会在所有任务中都取代目前的计算机，但很适合解决特定的数学问题。我们会继续使用经典计算机不断提高的算力和运算速度来处理日常事务，尤其是我们要在人工智能、云技术和物联网（我们家庭和工作场所的许多机器将相互连接并相互通信）的一系列前沿领域中取得进展时。经典计算机还将继续处理我们不断增长的海量数据。

然而有些问题，即便是未来最强大的经典计算机也无法解决。量子计算机的妙处在于，其运算速度会随着量子比特的数量呈指数级增长。设想一下三个非量子开关的信息内容，每个开关或 0 或 1，因此有 8 个不同的组合：000、001、010、100、011、101、110、111；但是三个纠缠的量子比特能让我们同时存储全部这 8 个组合，三个数位中的每一个都同时是 0 和 1。在经典计算机上，信息量随比特数呈指数级增长，所以 N 个比特意味着有 2^N 个不同的状态；而有 N 个量子比特的量子计算机则能同时使用所有 2^N 个状态。困难的地方在于，如何设计出算法来利用这一巨大的信息空间。

有朝一日，量子计算机会用来解决数学、化学、医疗和人工智能等多个学科中的问题。化学家们热切地期待着用量子计算机来模拟高度复杂的化学反应。2016 年，谷歌开发出了一台量子设备雏形，首次能够模拟氢气分子；此后，IBM 成功模拟了更复杂的分子的行为。不难理解，要搞懂量子世界的本质，就需要进行量子模拟。毕竟，同类者，才相识。最终，研究者希望能利用量子模拟来设计合成分子，开发新药。在农业领域，化学家可以用量子计算机发现新的化肥催化剂，这将有助于减少温室气体排放和粮食增产。

在人工智能领域，量子计算机将大大加快解决机器学习中复杂的“优化问题”，这对一系列以提高产能和效率、实现产量最大化为关键的行业来说至关重要。量子计算机还可能在系统工程学领域协助给出优化方案，精简产出，减少废物，从而给这个领域带来彻底的变革。在不远的将来，量子工程师将精通一系列学科：从量子力学、电气工程，到系统工程、人工智能和计算科学。

对我个人而言（假如我还能见证这一切的话），最激动人心的是，到 21 世纪中叶，我们有可能看到运行着 AI 程序的量子计算机最终能解答基础物理学中一些最重要的问题。是它们，而非人类，有可能做出重大突破。

我选量子计算作为未来技术的例子，还有另一个理由。许多理论物理学家寄希望于量子计算助其脱困。这是因为量子计算机就其本质而言，应该能精确地模拟量子世界，甚至可能帮物理学家找到正确的量子引力理论。

通过本书所涉的话题，我希望已经让你领略到了，关于这个世界，物理学能带给我们什么知识，以及人类这个物种要如何继续利用这些知识。在最后一章，我希望把镜头拉远，讲一讲物理学家，或者任何接受过科学训练的人，是如何思考这个世界的，我们又如何知道自己为此做了些什么，换句话说就是这座宏伟的科学大厦——不只是科学知识本身，还有获得它们的过程——是如何运行的，以及我们为什么要信赖它。

10

像物理学家一样思考

诚实和怀疑

我想和你分享一件趣事。2017 年我参演了 BBC 电视台的一部纪录片，叫《重力与我》。在片中，我讲述了对于“引（重）力”这个塑造世界的基础概念，人类的理解在整个科学史上是如何演变的：从看不见的牛顿作用力，到时空本身的结构。这个节目更有趣的地方在于，我们开发了一个智能手机应用程序，它可以按固定的时间间隔记录用户的 GPS 坐标（纬度、经度、海拔高度），从而监测该用户的位置，再利用这个信息计算出她那里的时间流逝速度。根据广义相对论，时间以不同的速度流逝，取决于不同位置引力场的强度。在山顶上的人要比在海平面的人更远离地球中心，所以山区居民感受到的地球引力要弱一点点，这也意味着山顶时间会比海平面时间走得稍快一点点。这个作用很微弱：海平面上每过一秒，山顶时间只会比它快不到万亿分之一秒。所以，如果一个人一生都生活在山顶，所有其他因素都相同的话（我知道这不可能），她会比在海平面上生活少过大约一毫秒——假设太空中飘着一台非常精确的时钟，专门测量地球上的这些时间差，此外别无他用，那么它所测得的结果就会是这样。但与呼吸干净的山间空气、健康饮食、经常锻炼等更明显的好处相比，生活在海平面的这个优势就不太有意义了。然而这个物理作用还是真实的，那个应用也是有点好玩的。

为做出这个应用，我们还必须考虑另一个因素。就像我在第 3 章聊过的，移动的时钟比“静止”的时钟走得更慢。所以，相对于站定不动的人，你可以通过移动让自己的时间慢下来。这个作用比引力的作用还小，因为我们绝不会以近光速移动（快成这样的话，效果倒是会很明显）。尽管如此，这个应用还是把移动考虑了进去，它会每隔一段固定的时间监测一下用户的位置，如果位置有明显改变，它会计算出相应的移动速度。

现在要讲关键了。我们的地球不是一个完美球体，它在赤道处是鼓出的。因此，站在赤道上的人，比站在北极的人离地球中心更远（相差约22千米），也会像山区居民那样感受到稍弱一点点的引力拉扯。所以在极地的时钟，由于引力较强，应该比在赤道的时钟走得稍慢（广义相对论的时间膨胀）。但地球也在自转，在赤道的时钟比在极地的时钟移动得更快（飘在太空中的评判时钟也会测得此结果），所以应该是赤道时钟比极地时钟走得更慢（狭义相对论的时间膨胀）。这两个作用由于广义相对论和狭义相对论而相互对抗，那么哪一个会胜出，哪个时钟会走得更慢一些呢？我分别计算了这两个作用，发现总体而言，在极地的时钟走得更慢，因为它受到的引力更强，尽管在赤道的时钟移动得更快。

所有这些很酷的数学信息都融入了那个应用程序，而这个应用则执行我的公式。我们开展了一场热烈的社交媒体宣传，让成千上万的人下载了这个应用，在节目播出前就使用它。我们甚至收到了很多人的视频日志，比如来自一名飞行员和一名登山者的，他们提供了各自程序的结果记录。

然后我们就遇到了挫折。

本来这个节目不久后就要在 BBC 播出，但在节目编辑按计划完成前的一周，就在我准备录制画外音之前，一天晚上，非常聪明的制片人保罗 · 森打来了电话。他说他在某个物理学线上论坛中读了一些材料，暗示说我好像搞错了。我立即放下手头的工作，回头检查我的计算。我也很快给几位同行发了邮件，让他们也检查一下。

我确实犯了一个很基本的错误。这两个作用——极地时间因为受更强引力而减缓，以及赤道时间因移动更快而减缓——是完全抵消的！实际上，在地球上的所有地方，所有海平面处的时钟速度都相同，它们测得的时间叫“国际原子时”（IAT）。地球表面叫“大地水准面”（geoid），是一个引力等势面，这个表面上的狭义相对论和广义相对论两种作用能相互抵消，并非偶然。我们的地球在数十亿年前首次成形之时，是非常炙热的，很有可塑性，自转迫使它变成了一个更稳定的形状，即中间凸出（扁的），这就**确保**了地球表面所有的点都处于相同的引力势能中。因此，只要时间是在海平面测得，所有地方的时间就都以相同的速度流逝——登高的话你的时间就会加速，低于地表的话时间就会减慢。

我的应用程序算出来的数字是错的，那些公式需要修改。但问题比这更严重。我在已经录制好的节目里解释了这个程序的工作原理，大家都会看到我的错误。纪录片不能以现在的形式播放。

我把情况告诉了制片人，他马上让BBC推迟播出。本来最简单的解决办法当然是把我出错的镜头重录一遍。没人会看出破绽。但我很快意识到，这给了我一个很好的机会来展示真正的科学是如何运行的。我不应该掩饰我的错误，而是要坦白地承认它，以此来告诉大家在科学里犯错是正常的。于是我们拍摄了一些新镜头，我承认自己犯了错误，并解释为什么我错了。这种认错不需要什么特别的勇气或坚强的性格，因为犯错通常就是科学进步的方式：错误不可避免；吃一堑，长一智。毕竟，我们要是不犯错，又该如何获得关于这个世界的新发现？这就是科学不同于其他事情，比如政治的地方了。我的意思是，你们看到过几回政客毫不含糊地承认自己错了？

在科学的历史中，从过去的错误中学习的例子比比皆是，随着对大自然运作机制的不断了解，或是得到新的经验证据，我们会用新假说、新理论取代旧的。但我们如何向社会大众阐明“形成假说并检验，与数据不符就抛弃”，这种路径的价值？这与当今发生的许许多多的公共讨论都相去甚远；特别是在社交媒体上，最响亮的声音，往往来自那些把个人观点、先入之见看得比证据、严谨性、可重复性更重要的人。

那么科学家还能向社会大众传授东西吗，还是我们要接受“傲慢”“精英主义”这样的指责？

与我们对诚实的执着密切相关的另一个特点，也是几乎为科学研究所独有的一个特点，就是怀疑的重要性。在我们向大众解释科学的运行机制时，这个特点有时候是我们最坏的敌人。我们会表示永远无法对某事物有绝对的把握，某个科学理论只是目前对相关解释的最佳猜测，只要该理论和新的观测或数据相矛盾，我们就必须准备好修改它，或用更好的理论取而代之。但是有人会说：“如果你们什么都不能确定，我们又怎么能相信你们告诉我们的东西？没有确定性，我们能依靠什么？”这种反应是可以理解的。想要“确定地知道”，而不只是有暂时的“最佳猜测”，这植根于我们的天性之中。

如果这么想，可就误解了科学取得进步的方式。科学值得信任的地方不是来自确定性，而是来自它面对不确定性的开放态度：科学总是对我们当下的理解提出疑问，也总是准备着在更好的解释出现时用更深刻的理解去取代现有的知识。在其他行业里，这种态度可能被当作反复无常，但在科学里不会。科学的进步正有赖于科学家对诚实和怀疑这两种品质的坚定信守。

关于科学家的思维方式，这里再举一个可能惊到你的例子。要是听说许多物理学家——除了那些为建造大型强子对撞机奉献了数年生命的人——曾一直希望希格斯玻色子**不会**被发现，人们一定感到震惊。是这样：要是找不到希格斯玻色子，就意味着标准模型的确有错误，这就为新的物理学理论开了一扇门。仅仅是确认我们已经推测为真的事情，并不如发现某个需要从至今还未被探索过的道路进行研究的事物那样让人激动。

另一方面，还有一些业余科学家，他们本心是好的，但有时会指责我们物理学家心态还**不够**开放，不能接纳他们的新理论，比如他们声称已经从爱因斯坦的相对论中发现了某些缺陷。说真的，我乐意见到爱因斯坦被证明是错的，那就意味着我们需要一个更好的新理论来替代他的理论，就像广义相对论革新牛顿万有引力定律那样。但是一个世纪以来，物理学家们一直在不懈地反复检验爱因斯坦的思想，而相对论经受住了所有这些考验，依然飘扬着胜利的旗帜。当然，有一天人们或许能发现一个更好的理论，它能解释相对论所能解释的一切，而且不止于此。但这样的理论迄今还没有被发现。

为了给物理现象找到更为基本的解释，人类已经持续努力了很多个世纪，作为这项努力的一部分，我们一直试图推翻现有的理论，不断检验它们，直至其崩塌。如果它们经受住了考验，那我们就相信这些理论……相信到更好的理论出现之时。

理论和知识

在一般性的谈话中，如果某人说他有一个理论，他的意思往往是自己对某事有一个观点——可能是基于某种证据或观察的看法，但同样有可能仅仅是基于意识形态或偏见或某个其他信念体系的猜测或预感。这种“理论”有可能正确，也可能不正确，但都和我们所说的科学理论*大相径庭——科学理论当然也是有可能正确，也可能不正确，但相比于一个单纯的观点，它必须满足一

* 我这里想到的理论是自然科学方面的，而非经济学、心理学的那些。

些重要的标准。首先，科学理论必须对我们无论是从自然界还是实验中观察到的现象提出解释，并为这个解释提供证据。其次，它必须可以接受符合科学方法的验证：理论必须可检验，而检验、观察也必须可以重复。最后，好的科学理论要能对它所解释的世界的某个方面做出新的预测，而这些预测也可由进一步的观察或实验来检验。

我们最成功的科学理论，如相对论、量子力学、大爆炸理论、达尔文演化论、板块构造学、疾病的细菌理论等，所有这些理论都经过了严格的检验，才逐渐成为我们目前拥有的最佳解释，它们都不能像人们常听到的那样（尤其是关于达尔文演化论时），被轻蔑地称呼为“仅仅是个理论”——这么说，就无视了科学理论成功的意义：成功的科学理论具有解释力，是由证据支撑的，所做的预测可被检验，且它依然是可以证伪的，即如果观测或实验结果与理论的预测相矛盾，该理论就不可能正确，或者至少也是不完善的。

那么我们要如何面对想要破坏科学及科学方法的人呢？他们声称自己的“意见”比证据更有价值，他们的“理论”和它要挑战、抗辩的科学理论一样可信，而又无须遵循相同的标准。有些人认为地球是平的，阿波罗登月是一场骗局，或者这个世界是几千年前才产生的——虽然我们会觉得这些看法挺好玩儿的，但要如何对待持有这些观点的人呢？他们的观点不但违背既有的科学，也会真正地危害社会，比如有人否认人为因素造成了气候变化，有人无端觉得麻腮风三联疫苗（MMR）和孤独症有关因而拒绝为自己的小孩接种，还有人宁愿相信魔法和迷信也不信现代医学……

令我难过的是，我对这些问题没有一个明确的答案。我的物理学学术生涯，有一半致力于研究，试图去理解宇宙的运行机制，这是我个人的关切；另一半则用于教授、传播、阐释我学到的东西。所以，我不能简简单单地置身事外，不去承担与公众论辩科学问题的责任；这其中有许多问题非常重要，**必须**去解决。但我也知道去改变某人在一件事情上坚信的观点是多么困难，无论我认为他是多么地谬误。

在一个非常真切的意义上，阴谋论正好处在科学理论的对立面，因为它们试图吸收任何对自身不利的证据，并以支持而非否定其核心思想的方式来解释这些证据，从而使自身变得“不可证伪”。很多持有此类观点的人总是试图以一种印证其已有假设的方式来解释和采纳证据，这就是所谓的“证实偏差”。通常涉及意识形态方面的信念时，我们也会听到“认知失调”一词，表示有些人在面对不利于自己观点的证据时，会感到真正的心理不适。证实偏差和逃避认知失调能形成强有力的组合，强化已有的信念。因此，试图用科学证据劝说有这种思维状态的人，往往是浪费时间。

许多人在通过主流媒体和社交媒体接触到铺天盖地的迥异观点时，会感到不知该相信什么，这很可理解。人们要如何从假新闻中辨别出基于证据的准确信息呢？科学家能做的一件事就是解决“虚假平衡”问题：当世界上几乎所有气候学家都承认，地球的气候由于人类的活动正在急速改变，若想阻止灾难的出现，我们必须立即采取行动，这时，新闻媒体不需要一位否认气候变化的人来提供“争论的另一面”，否则公众就会觉得双方的观点同样有道理。认为气候变化确由人为造成的人，和否认这一点的人之间的区别，除了对各自有利的科学证据分量大不相同之外，还在于前者真的希望自己是错的。

科学家总是承认，**有可能**，气候变化没有发生，演化论或者相对论也是错的；引力也可能不总是把我拉向地面，通过冥想我应该能飘起来。但这些“可能”不是意味着我们没有知识。我们完全知道要继续检验我们的理论，如果它们立得住，我们就相信这些理论，并和非科学专业人士谈这些理论。但作为科学家，我们倾向于用诚实和怀疑的方式来表达自己。正如“理论”一词在科学中的意思与在日常谈话中不同，“确定”这个词对科学家来说也有其特殊的含义。当然，从内心来讲，我实际上相当确定，人不可能通过冥想来克服引力飘离地面。我也很确定地球是圆的、已经存在数十亿年之久，生命也一直在演化。

那么我是否确定有暗物质存在呢？几乎确定。

关于真理

我经常听人们说获得“真理”的方法多种多样，甚或真理本身就多种多样。要是一位哲学家或神学家读到下面的内容，一定会认为我这个物理学家对此问题所持的简单化见解实在太过天真，但对我而言，绝对真理就是独立于人的主观性而真实存在的。因此，我在说科学是对真理的探求时，是指科学家总是尽可能地靠近事物的终极本质，靠近有待发现和理解的客观现实。有时我们会觉得，这种客观现实只不过是关于世界的一批事实，我们能慢慢地发现这些事实，直至完全了然。但要记住，在科学中我们永远不能声称对某事物有确定的知识。在以后的时间里，我们还是会达到更深的理解，让我们更靠近目标中的终极真理。

在实践中，对于科学领域里的许多想法和概念，我们已经建立了一定的信心，可以放心地认为它们就是事实。如果我从屋顶上跳下去，根据一个简单的数学式（迄今为止，它最接近于一则事实表述），地球会把我往下拉（而我把它非常轻微地向上拉了一点）。我们还不知道关于引力的一切知识，但是我们确实知道它在我们的世界中会如何作用于物体。如果我在五米的高度松手让一个球下落，那么，无须秒表计时，我就知道球在触地前有一秒的时间在空中——不是两秒，也不是半秒，而是一秒。有一天我们可能发现新的量子引力理论，但这个理论绝不会预测这个球的滞空时间会是牛顿运动方程所预测的两倍或一半。这就是一条关于世界的绝对真理。没有什么哲学论证、冥想、灵光开悟的宗教体验、本能感受或政治意识形态，能告诉我球从五米高处自由坠落，会在一秒钟后触地；但科学能告诉我。

从某种意义上说，我们在理解宇宙定律方面尚存的欠缺——暗物质和暗能量的性质、暴胀理论是否正确、量子力学的正确诠释、时间的真正性质等——不会改变我们对日常世界中的力、物质和能量的理解。物理学将来的进步，也不会使我们的既有知识过时，而只会对其做出改进，并给予我们更深的理解。

物理学中的人性

说到底，物理学家也是普通人。我们希望自己的观点和理论是正确的，也常常在面对新出现的相反证据时为己方辩护。连最杰出的物理学家也会淡化自己理论中的问题，而放大对竞争观点的批评。和各行各业一样，科学中也有证实偏差，科学家也难免于此。我们也要争取终身职位和晋升、争取资金、赶在截止日期前完成项目、顶着“不发表就走人”的压力、努力工作以赢得同行的尊重和上级的认可。

然而，我们所受的科学方法训练，有一部分就是在研究中培养出谦虚和诚实的品质，好能抵御更底层的本能。我们要学习不被欲望蒙蔽，不被自己的偏见和既得利益误导。但如果只关注个别人，有时你很难看出这一点——科学研究中有许多证据确凿的欺诈和腐败案例。但是，作为研究共同体，我们有内部的纠正程序，如科学论文的同行评审（是，我知道这不是评估研究的理想方式），我们严格训练年轻科学家进行合伦理、负责任的研究。这意味着科学方法就其本质来说可以自我纠正。它要求检验可重复，要求对各种观点持续进行诚实的批判性评估。最终，薄弱的理论会消亡，无论其拥护者如何努力地让它们活下去；有时，我们要花一两代人的时间，才能把自己从某个主导理论的桎梏中解脱出来，即便那个理论早已过了“保质期”。

最好的物理学家常常是那些能够从普遍的偏见、时髦的观点或荣誉（甚至是自己的荣誉）中抽身而出，不受其束缚的人。但当人们已经知道关于某个问题的理论不是最终定论，或者存在几个相互竞争的理论，每个理论都有坚定的拥护者时，好的物理学家就更有可能出现。要记住，物理学就像所有的科学一样，并不遵循民主原则。只一个新的实验观测，就能推翻一个广获接受的理论，并代之以新的理论。此后，这个新理论必须不断经受观测数据的考验，以此来证明自己的正确性。

在今日的基础物理学中，许多更具猜想性的观点（有些我在第8章讲过）可能被认为不符合构成一个真正科学理论的要求，因为它们无法接受实验的检验。这样的理论有哪些呢，（至少目前）我会把弦论、圈量子引力论、黑洞熵和多重宇宙理论算在其中。然而，全世界成千上万名理论物理学家正对这些理论开展深入研究。难道因为这些理论还无法被验证，他们就应该停止相应的努力吗？他们是在浪费公共资金，妨碍钱投给更“有用”的研究领域了吗？如果就是无法验证自己的理论，这些物理学家又是在靠什么动力继续前进？他们是被方程之美蒙蔽了吗？确实有少数物理学家竟然表示他们无须用数据来检验自己的理论，而只需基于数学上的前后一致和优雅，让各理论相互验证就可以了——这种想法在我看来很是危险。

但是对这些“黑暗中的探索者”过于严苛，也会显得对科学思想史缺乏认识和想象。麦克斯韦在写下他的电磁场方程组，并从中推导出光的波动方程时，他自己和所有人都还不知道，海因里希·赫兹、奥利弗·洛奇、古列尔莫·马可尼等人会如何运用这个知识来发展无线电。爱因斯坦在创立相对论时，也没有预料到这两个理论有一天会用于精确的卫星导航，要利用它，你只需借助口袋里的“超级计算机”中集成的那些技术奇迹，而这些技术也完全离不开早期量子力学先驱的抽象推测。

因此，支持暴胀理论的宇宙学家、弦理论家以及圈量子引力研究者会继续他们的探索，而且理应如此。他们的想法有可能是错的——但也有可能改变人类历史的进程。我们恐怕还要等另一个爱因斯坦甚至一个 AI 程序来帮我们解决目前的困扰。这还说不定。但我们能说的是，一旦停止对宇宙的好奇，停止探究它是怎么形成的，我们又是怎么来的，我们就失去了人的属性。

人的境遇，无限丰富。我们发明了艺术、诗歌和音乐，创造了宗教和政治体系，建立了高度丰富且复杂的社会、文化和大帝国，这些可不是数学公式所能概括的。但如果我们想知道人类来自哪里，人体内的原子又出自何处，即关于我们的这个世界和宇宙的“为什么”和“怎么样”，那么，物理学才是真正理解现实的途径。有了这样的理解，我们就能塑造所处的世界和自身的命运。

致　谢

既用这么一本小书向普通读者介绍基础物理学的广泛内容，同时还要保留一定量的细节来呈现很多话题领域的最新看法——要把这两方面平衡地融汇在一起，实属不易。我是否成功地做到了这一点，还要请读者您来判断。我同样想避免使用一些被众多科普读物过度使用的比喻和类比，以免拾人牙慧；而且鉴于我们的认识在不断进步，其中许多终究会过时，甚至被证明是错的。

即使上面这些目标都能实现，还有另外一个问题。

物理学知识的小岛孤悬在一片我们尚未了解的汪洋之中，不过这座小岛一直在不断变大。本书旨在探索它的海岸线，即我们当下认识的极限。但要简洁又精确地刻画这条海岸线，对任何人来说都不容易。虽然我可以运用 30 多年的理论物理学研究经验、25 年的大学授课经验，以及差不多同样长时间的科学传播及写作经验——这些经历都锻炼了我找到正确的语言来解开复杂概念的能力——但要完全理解我专长以外的那些物理学领域时，我还是非常清楚地意识到了自己的局限。因此，我非常感谢各位同行及合作者，这些年来他们和我进行了许多富有成果的讨论。我同样非常感谢通读了本书手稿的所有人，他们献出了自己的宝贵时间，并在阅读后向我提出了意见和建议，帮我填补了理解上的空白。他们常常建议我在措辞上做细微的修改，从而让解释更为精确，同时又不影响行文的明晰和简洁。

在表达自己针对物理学中一些未解疑难的观点时，我时而会有些好辩（只是一点点）。我尽量强调依然存在争论和猜想的领域，尤其是我对共识观点有所批判的那些地方，无论是在量子力学的基础方面，还是在为量子引力论或暴胀理论选择更好的进路的时候。我也有我的托词：这些未必是我一个人的观点（尽管我支持这些观点），而是我尊敬的物理学家们的观点，他们都奋战在各自研究领域的最前沿。

我尤其要感谢萨里大学物理学系的同事，贾斯汀·里德、保罗·斯蒂文森和安德烈亚·罗科，他们提出了很多有用的意见。我还要感谢普林斯顿的迈克尔·施特劳斯对天文学上的一些问题所做的澄清。感谢伦敦大学学院的安德鲁·庞岑，他最近和我进行了几次颇有成效的讨论，涉及了暗物质的性质和暴胀理论的意义。同样感谢我最喜欢的两位科学作家，菲利普·鲍尔和约翰·格里宾，他们的见解是非常宝贵的。

我尽力把上述好友同仁的意见和建议都考虑到。恐怕还是会有人对一些细节不完全同意，但愿这种情况不会太多。有一点可以肯定：要是没有他们的帮助，我绝不敢奢望这本书能达到现在的水准。

多年来，我一直有幸主持 BBC 广播 4 台的系列节目《科学人生》(*The Life Scientific*)，在节目中，我访谈了许多世界顶尖的科学家。这使得我有机会对基础物理学中的最新思想有更深入一点的了解，尤其是在像粒子物理学和宇宙学这样深奥的领域。为此，我要感谢肖恩·卡罗尔、弗兰克·克洛斯、保罗·戴维斯、费伊·道克、卡洛斯·弗伦克、彼得·希格斯、劳伦斯·克劳斯、罗杰·彭罗斯和卡洛·罗韦利，他们都是我节目的嘉宾。如果本书中有任何内容他们不完全赞同（我确信一定有），那么我希望得到他们的谅解。他们没有读过手稿，但他们的见解无疑有助于我理清思路。

最后，我非常感激普林斯顿大学出版社的编辑英格丽德·格奈利希，在本书的结构和格式方面，她非常热心地提供了支持、建议和意见，帮我形成了本书的终稿。同时也非常感谢文字编辑安妮·戈特利布的额外帮助。

毋庸赘言，我要向妻子朱莉的容忍与支持表示最大的感谢。也非常感谢我的经纪人帕特里克·沃尔什，我们合作得真是不错。

进阶阅读

以下是扩展本书主题的一份科普书单：

通　论

Peter Atkins, *Conjuring the Universe: The Origins of the Laws of Nature* (Oxford and New York: Oxford University Press, 2018).

Richard P. Feynman et al., *The Feynman Lectures on Physics*, 3 vols. (Reading, MA: AddisonWesley, 1963; rev. and ext. ed., 2006; New Millennium ed., New York: Basic Books, 2011); available in full online for free, http://www.feynmanlectures.caltech.edu.

Roger Penrose, *The Emperor's New Mind: Concerning Computers, Minds, and the Laws of Physics* (Oxford and New York: Oxford University Press, 1989).

Lisa Randall, Warped Passages: *Unraveling the Mysteries of the Universe's Hidden Dimensions* (London: Allen Lane; New York: HarperCollins, 2005).

Carl Sagan, *The Demon-Haunted World: Science as a Candle in the Dark* (New York: Random House, 1996).

Steven Weinberg, *To Explain the World: The Discovery of Modern Science* (London: Allen Lane; New York, HarperCollins, 2015).

Frank Wilczek, *A Beautiful Question: Finding Nature's Deep Design* (London: Allen Lane; New York: Viking, 2015).

量子物理学

Jim Al-Khalili, *Quantum: A Guide for the Perplexed* (London: Weidenfeld and Nicolson, 2003).

Philip Ball, *Beyond Weird: Why Everything You Thought You Knew about Quantum Physics Is . . . Diferent* (London: The Bodley Head; Chicago: University of Chicago Press, 2018).

Adam Becker, *What Is Real? The Unfinished Quest for the Meaning of Quantum Physics* (London: John Murray; New York, Basic Books, 2018).

Sean Carroll, *Something Deeply Hidden: Quantum Worlds and the Emergence of Spacetime* (London: OneWorld; New York: Dutton, 2019).

James T. Cushing, *Quantum Mechanics: Historical Contingency and the Copenhagen Hegemony* (Chicago and London: University of Chicago Press, 1994).

David Deutsch, *The Fabric of Reality: Towards a Theory of Everything* (London: Allen Lane; New York: Penguin, 1997).

Richard P. Feynman, *QED: The Strange Theory of Light and Matter* (Princeton and Oxford: Princeton University Press, 1985).

John Gribbin, *Six Impossible Things: The 'Quanta of Solace' and the Mysteries of the Subatomic World* (London: Icon Books, 2019).

Tom Lancaster and Stephen J. Blundell, *Quantum Field Theory for the Gifted Amateur* (Oxford and New York: Oxford University Press, 2014).

David Lindley, *Where Does the Weirdness Go? Why Quantum Mechanics is Strange, but Not as Strange as You Think* (New York: Basic Books, 1996).

N. David Mermin, *Boojums All the Way Through: Communicating Science in a Prosaic Age* (Cambridge, UK, and New York: Cambridge University Press, 1990).

Simon Saunders, Jonathan Barrett, Adrian Kent, and David Wallace, eds., *Many Worlds? Everett, Quantum Theory, & Reality* (Oxford and New York: Oxford University Press, 2010).

粒子物理学

Jim Baggott, Higgs: *The Invention and Discovery of the 'God Particle'* (Oxford and New York: Oxford University Press, 2017).

Jon Butterworth, *A Map of the Invisible: Journeys into Particle Physics* (London: William Heinemann, 2017).

Frank Close, *The New Cosmic Onion: Quarks and the Nature of the Universe* (Boca Raton, FL: CRC Press / Taylor and Francis, 2007).

Gerard 't Hooft, *In Search of the Ultimate Building Blocks* (Cambridge, UK, and New York: Cambridge University Press, 1997).

宇宙学与相对论

Sean Carroll, *The Big Picture: On the Origins of Life, Meaning, and the Universe Itself* (New York: Dutton, 2016; London: OneWorld, 2017).

Albert Einstein, *Relativity: The Special and the General Theory*, 100th Anniversary Edition (Princeton, NJ: Princeton University Press, 2015).

Brian Greene, *The Hidden Reality: Parallel Universes and the Deep Laws of the Cosmos* (London; Allen Lane; New York: Alfred A. Knopf, 2011).

Michio Kaku, *Hyperspace: A Scientific Odyssey through Parallel Universes, Time Warps, and the 10th Dimension* (Oxford and New York: Oxford University Press, 1994).

Abraham Pais, *'Subtle is the Lord . . .': The Science and the Life of Albert Einstein* (Oxford and New York: Oxford University Press, 1982).

Christopher *Ray, Time, Space and Philosophy* (London and New York: Routledge, 1991).

Wolfgang Rindler, *Introduction to Special Relativity*, Oxford Science Publications (Oxford and New York: Clarendon Press, 1982).

Edwin F. Taylor and John Archibald Wheeler, *Spacetime Physics* (New York: W. H. Freeman, 1992); free download, http://www.eftaylor.com/spacetimephysics/.

Max Tegmark, *Our Mathematical Universe: My Quest for the Ultimate Nature of Reality* (London: Allen Lane; New York: Alfred A. Knopf, 2014).

Kip S. Thorne, *Black Holes and Time Warps: Einstein's Outrageous Legacy* (New York and London: W. W. Norton, 1994).

热力学与信息论

Brian Clegg, Professor *Maxwell's Duplicitous Demon: The Life and Science of James Clerk Maxwell* (London: Icon Books, 2019).

Paul Davies, *The Demon in the Machine: How Hidden Webs of Information Are Finally Solving the Mystery of Life* (London: Allen Lane; New York: Penguin, 2019).

Harvey S. Leff and Andrew F. Rex, eds., *Maxwell's Demon: Entropy, Information, Computing* (Princeton, NJ: Princeton University Press, 1990).

时间的性质

Julian Barbour, *The End of Time: The Next Revolution in Physics* (Oxford and New York: Oxford University Press, 1999).

Peter Coveney and Roger Highfield, *The Arrow of Time: A Voyage through Science to Solve Time's Greatest Mystery* (London: W. H. Allen; Harper Collins, 1990).

P.C.W. Davies, *The Physics of Time Asymmetry* (Guildford, UK: Surrey University Press; Berkeley, CA: University of California Press, 1974).

James Gleick, *Time Travel: A History* (London: 4th Estate; New York: Pantheon, 2016).

Carlo Rovelli, *The Order of Time*, trans. Simon Carnell and Erica Segre (London: Allen Lane; New York: Riverhead, 2018).

Lee Smolin, *Time Reborn: From the Crisis in Physics to the Future of the Universe* (London: Allen Lane; Boston and New York: Houghton Mifflin Harcourt, 2013).

统一理论

Marcus Chown, *The Ascent of Gravity: The Quest to Understand the Force that Explains Everything* (New York: Pegasus, 2017; London: Weidenfeld and Nicolson, 2018).

Frank Close, *The Infinity Puzzle: The Personalities, Politics, and Extraordinary Science behind the Higgs Boson* (Oxford: Oxford University Press; New York: Basic Books, 2011).

Brian Greene, *The Elegant Universe: Superstrings, Hidden Dimensions, and the Quest for the Ultimate Theory* (London: Jonathan Cape; New York: W. W. Norton, 1999).

Lisa Randall, *Knocking on Heaven's Door: How Physics and Scientific Thinking Illuminate the Universe and the Modern World* (London: Bodley Head; New York: Ecco, 2011).

Carlo Rovelli, *Reality Is Not What It Seems: The Journey to Quantum Gravity*, trans. Simon Carnell and Erica Segre (London: Allen Lane, 2016; New York: Riverhead, 2017).

Lee Smolin, *Three Roads to Quantum Gravity* (London: Weidenfeld and Nicolson, 2000; New York: Basic Books, 2001).

Lee Smolin, *Einstein's Unfinished Revolution: The Search for What Lies Beyond the Quantum* (London: Allen Lane; New York: Penguin, 2019).

Leonard Susskind, *The Cosmic Landscape: String Theory and the Illusion of Intelligent Design* (New York: Little, Brown, 2005).

Frank Wilczek, *The Lightness of Being: Mass, Ether, and the Unification of Forces* (Basic Books, 2008).

译名对照表

（收录正文中的术语、人名、作品名等）

A

α 粒子：alpha particle

阿基米德：Archimedes

阿米：attometre

阿秒：attosecond

矮星系：dwarf galaxy

爱因斯坦，阿尔伯特：Albert Einstein

安德森，菲利普：Philip Anderson

安德森，卡尔：Carl Anderson

B

β 放射性：beta radioactivity

β 衰变：beta decay

班克斯，约瑟夫：Joseph Banks

板块构造学：plate tectonics

半导体：semiconductor

暴胀[子]场：inflaton field

鲍尔，菲利普：Philip Ball

贝尔，约翰：John Bell

本体论：ontology

本星系群：Local Group [of galaxies]

比特：bit

标准模型：Standard Model

波长计：wavemeter

波多尔斯基，鲍里斯：Boris Podolsky

波函数：wave function

波粒二象性：wave-particle duality

玻恩，马克斯：Max Born

玻恩定则：Born's rule

玻尔，尼尔斯：Niels Bohr

C

D

动能：kinetic energy

动态坍塌诠释：dynamical collapse interpretation

对称性破缺：symmetry breaking

对偶性：duality

多普勒效应：Doppler effect

多世界诠释：many worlds interpretation

多重宇宙：multiverse

惰性中微子：sterile neutrino

E

恩培多克勒：Empedocles

F

法拉第，迈克尔：Michael Faraday

反德西特 / 共形场论对偶：anti-de Sitter/conformal field theory correspondence (AdS/CFT)

反德西特空间：anti-de Sitter Space

反夸克：antiquark

反物质：antimatter

反引力：antigravity,repulsive gravitation

方程：equation

非定域性：nonlocality

非惯性参考系：non-inertial reference frame

费曼，理查德：Richard Feynman

费曼图：Feynman diagrams

费米子：fermion

分子生物学：molecular biology

弗伦克，卡洛斯：Carlos Frenk

复合时期：era of recombination

复杂性：complexity

富兰克林，罗莎琳德：Rosalind Franklin

负压：negative pressure

G

干涉图样：interference pattern

哥白尼，尼古拉：Nicolaus Copernicus

哥本哈根诠释：Copenhagen interpretation

戈特利布，安妮：Anne Gottlieb

格里宾，约翰：John Gribbin

格罗佛搜索算法：Grover's search algorithm

格奈利希，英格丽德：Ingrid Gnerlich

盖尔曼，默里：Murray Gell-Mann

盖革，汉斯：Hans Geiger

功：work

共形场论：conformal field theories

共形循环宇宙学：conformal

cyclic cosmology (CCC)

关系性诠释：relational interpretation

光电发射：photoemission

光电效应：photoelectric effect

光放大器：optical amplifier

光纤：optical fibre

光子：photon

广延：extension

广义相对论：the general theory of relativity

规范/引力对偶：gauge/gravity duality

规范不变性：gauge invariance

国际原子时：International Atomic Time (IAT)

H

哈特尔，詹姆斯：James Hartle

还原论：reductionism

海森堡不确定性原理：Heisenberg's uncertainty principle

海森堡，维尔纳：Werner Heisenberg

海什木，伊本：Ibn al-Haytham

含宇宙常数的冷暗物质模型：lambda–cold dark matter (ΛCDM) model

核合成：nucleosynthesis

[热]核聚变：[thermo-]nuclear fusion

核子：nucleon

赫兹，海因里希：Heinrich Hertz

红移：redshift

胡克，罗伯特：Robert Hooke

蝴蝶效应：butterfly effect

皇家学会：Royal Society

混沌理论：chaos theory

霍金，斯蒂芬·W.：Stephan W. Hawking

霍金辐射：Hawking radiation

J

[量子场]激发：excitation

激光干涉引力波天文台：Laser Interferometer Gravitational-Wave Observatory (LIGO)

激光器：laser

疾病的细菌理论：germ theory of disease

计算机体层成像：computed tomography (CT)

伽利略：Galileo Galilei

胶子：gluon

介秒：zeptosecond

介子：meson

经典物理学：Classical Physics

纠缠：entanglement

K

抗体：antibody

《科学人生》：*The Life Scientific*

克莱因，奥斯卡：Oskar Klein

克劳斯，劳伦斯：Lawrence Krauss

克里克，弗朗西斯：Francis Crick

克洛斯，弗兰克：Frank Close

夸克–胶子［电］浆：quark-gluon plasma

块状宇宙模型：block universe model

L

冷暗物质：cold dark matter

里德，贾斯汀：Justin Read

量子：quantum

量子贝叶斯理论：Quantum Bayesianism (Qbism)

量子比特：quantum bit (qubit)

量子电动力学：quantum electrodynamics (QED)

量子叠加［态］：quantum superposition

量子光学：quantum optics

量子力学：quantum mechanics

量子密钥分发：quantum key distribution (QKD)

量子模糊性：quantum fuzziness

量子色动力学：quantum chromodynamics (QCD)

量子态：quantum state

量子信息论：quantum information theory

量子涨落：quantum fluctuation

量子真空：quantum vacuum

量子重力仪：quantum gravimeter

列文虎克，安东尼·范：Antonie van Leeuwenhoek

裂变：fission

流体力学：hydrodynamics

留基波：Leucippus

卢瑟福，欧内斯特：Ernest Rutherford

伦敦大学学院：University College London (UCL)

罗科，安德烈亚：Andrea Rocco

罗森，纳森：Nathan Rosen

罗韦利，卡洛：Carlo Rovelli

逻辑门：logic gate

洛奇，奥利弗：Oliver Lodge

M

M 理论：M-theory

麻腮风三联疫苗：measles-mumps-rubella vaccination (MMR)

马尔达西那，胡安：Juan Maldacena

轻子：lepton

球状星团：globular star cluster

曲面：surface

圈量子引力论：loop quantum gravity

全局：global

全球定位系统：The Global Positioning System（GPS）

全息原理：holographic principle

R

热[力学]平衡：thermodynamic/thermal equilibrium

热暗物质：hot dark matter

热寂：heat death

热力学：thermodynamics

热能：thermal energy

人工智能：aritificial intelligence (AI)

认知失调：cognitive dissonance

认识论：epistemology

日心说模型：heliocentric model

弱核力（弱相互作用）：weak nuclear force

S

萨斯坎德，莱昂纳德：Leonard Susskind

散斑：speckle

色荷：colour charge

森，保罗：Paul Sen

熵：entropy

《生命是什么？》：*What is Life?*

生物物理学：biophysics

生物质：biomass

圣安德鲁斯大学：University of St Andrews

施特劳斯，迈克尔：Michael Strauss

实在论：realism

时间平移不变性：time translation invariance

[相对论的]时间膨胀：time dilation

时空间隔：spacetime interval

时空曲率：spacetime curvature

石墨烯：graphene

势能：potential energy

势能井：potential well

[黑洞的]事件视界：event horizon

视界问题：horizon problem

试错：trial and error

受限最小超对称：constrained minimal supersymmetry

舒尔因式分解算法：Shor's factorization algorithm

数学物理学：mathematical physics
双缝实验：two-slit experiment
顺势疗法：homeopathy
思想实验：thought experiment
斯蒂文森，保罗：Paul Stevenson
四夸克态：tetraquark
隧穿：tunneling

T

太阳系外行星：exoplanet
陶子（τ 子）：tau
天体力学：celestial mechanics
统计力学：statistical mechanics
退相干：decoherence
脱氧核糖核酸：DNA

W

W 及 Z 玻色子：W and Z boson
万有理论：theory of everything
万有引力定律：universal law of gravitation
威尔金森微波各向异性探测器：Wilkinson Microwave Anistropy Probe (WMAP)
威滕，爱德华：Edward Witten
微调：fine-tuning
唯我论：solipsism
[夸克的]味：flavour
温伯格，史蒂文：Steven Weinberg
沃尔什，帕特里克：Patrick Walsh
沃森，詹姆斯：James Watson
无边界[条件]：no boundary
无序：disorder
五夸克态：pentaquark
物理化学：physical chemistry
物联网：Internet of Things

X

X 射线衍射：X-ray diffraction
希格斯，彼得：Peter Higgs
希格斯玻色子：Higgs boson
希格斯场：Higgs field
希格斯机制：Higgs mechanism
西拉德，利奥：Leo Szilard
狭义相对论：the special theory of relativity
《狭义与广义相对论浅说》：*Relativity: The Special and the General Theory [A Popular Exposition]*
仙女星系：Andromeda
弦论：string theory
《显微图谱》：*Micrographia*
相对丰度：relative abundance
相对论：relativity

相对论效应：relativistic effect
相对同时：relativity of simultaneity
相对性原理：principles of relativity
小型单筒望远镜：spyglass
心灵感应：telepathy
新星［爆发］：nova [outburst]
星际气体：interstellar gas
星系团：cluster of galaxies
修正的牛顿动力学：Modified Newtonian Dynamics (MOND)
虚粒子：virtual particle
薛定谔，埃尔温：Erwin Schrödinger
薛定谔方程：Schrödinger's equation

Y

亚当斯，道格拉斯：Douglas Adams
亚里士多德：Aristotle
一致性历史诠释：consistent histories interpretation
一致性模型：concordance model
遗传学：genetics
《异形》：*Alien*
湮灭：annihilation
银河系：Milky Way
［导航波］隐变量诠释：pilot wave hidden variables interpretation
引力：gravity
引力场：gravitational field
引力阱：gravitational well
引力子：graviton
永动机：perpetual motion machine
永恒暴胀：eternal inflation
涌现：emerge
优化问题：optimisation problem
宇称守恒：parity conservation
宇宙［学］常数：cosmological constant
宇宙暴胀：cosmic inflation
宇宙泡：bubble universe
宇宙射线：cosmic ray
宇宙微波背景：cosmic microwave background (CMB)
原始气体云：primordial gas cloud
原星系：protogalaxy
原子核：atomic nucleus
原子论：atomism
跃迁：jump
云技术：Cloud technology

Z

载力［粒］子：[force] carrier [particle]
真空能量：vacuum energy
正电子：positron

正电子发射体层成像：positron emission tomography (PET)

正压：positive pressure

证实偏差：confirmation bias

质能守恒定律：law of conservation of energy and mass

质子：proton

中微子（微中子）：neutrino

中子：neutron

中子星：neutron star

中子星并合：neutron star merger

《重力与我》：*gravity and me*

轴子：axion

转角电子学：twistronics

子弹星系团：Bullet Cluster